ペットの判例ガイドブック

事件・事故、取引等のトラブルから刑事事件まで

渋谷　寛・杉村亜紀子 著

発行 民事法研究会

はしがき

　昭和の時代は、ペットに関する裁判例は数えるほどしかありませんでした。ところが、平成の時代に入るとその数が急激に増えました。ペットブームが起きて飼育頭数が増え、人間社会とペットとの関係がより密接になったことにより、ペットが原因となるトラブルも増えたのでしょう。そして、裁判例が増えたことにより、司法機関である裁判所がペットの問題についてどのような考え方をしているのかがみえてきました。

　ペットに対する愛情が深まるのと同時に、飼い主の責任も増えてきたように思います。日頃の生活でトラブルを起こさないようにするには、過去にペットに関して争われた事例にはどのようなものがあるのか、ペットの紛争について裁判所はどのような解決策を示したのかについて知っておくことはとても有益でしょう。

　ペットに関する裁判例集を発行したいという願いは、杉村亜紀子弁護士も抱いており、2人で執筆することを決意しました。執筆に際しては、法律家ではない飼い主さんたちが読んでもわかるよう、できるだけ平易な言葉で表現することを心がけました。そのため、裁判の内容を簡略化しています。詳しい裁判の内容を知りたい方のために、裁判所の名前と判決日、そして判決文が掲載されている出典を記載することにしました。

　同様の事案に対しいくつかの裁判例があるときは、なるべく最近の裁判例を取り上げました。そのためほとんどの裁判例は平成以降のものとなりました。

　本書は、法律実務家のみならず、獣医師、ペット関連事業者をはじめ、ペット・動物問題にかかわるすべての方にご参考にしていただけるものと考えています。

　本書の発刊・編集に際しては、民事法研究会の社員の大槻剛裕氏と元社員の鈴木真介氏に大変ご尽力いただきました。感謝申し上げます。

　平成30年1月

執筆者を代表して　渋谷　寛

ペットの判例ガイドブック
――事件・事故、取引等のトラブルから刑事事件まで――

目　次

第1章　はじめに

Ⅰ　ペットをめぐる判例の位置づけ・動向……………………………… 2
Ⅱ　ペットに関する法律概観……………………………………………… 11
Ⅲ　本書の利用の仕方……………………………………………………… 15

第2章　ペットの医療過誤の裁判

判例1　獣医師に必要な検査をしなかった過失があるとして、慰謝料40万円の請求が認められた……………………………………… 18

判例2　手術後の輸血について説明義務違反があったとして、慰謝料等の請求が認められた……………………………………………… 20

判例3　高齢犬に対し、飼い主の同意なく3つの手術を同時に行ったことについて、不適切であったとして、慰謝料の請求が認められた………………………………………………………………… 22

判例4　ペットの死亡を見守る飼い主の利益が侵害されたとして、慰謝料等の請求が認められた……………………………………… 24

判例5　犬の糖尿病治療で、インスリンの投与を怠った獣医師の賠償責任が認められた……………………………………………… 26

判例6　猫のがんを見落とした過失があるとして、慰謝料等の請求が認められた……………………………………………………… 28

判例7　犬の避妊手術について、術後管理の過失と手術等の説明義務違反が認められた……………………………………………… 30

判例8　獣医師の説明義務違反により、飼い主の自己決定権が侵害

| 判例9 | フィラリア除去手術中の死亡について、獣医師の責任が否定され、損害賠償債務の不存在が確認された……………34
| 判例10 | 歯石除去施術による犬の死亡について、獣医師の注意義務違反が認められた………………………………………36
| 判例11 | 入院中の猫が猫伝染性腹膜炎（FIP）で死亡したことについて、獣医師の賠償責任が否定された…………………38
| 判例12 | 飼い主の希望により行った輸血について、獣医師に注意義務違反が認められた……………………………………40
| 判例13 | アザチオプリンの投与に注意義務違反があることは認められたが、死亡との間に因果関係がないとして、獣医師の賠償責任が否定された…………………………………………42

〈コラム〉 同意書の効力……………………………………44

第3章　ペットの咬みつき等の裁判

| 判例14 | 飼い犬が他人の飼い猫を咬み殺した場合に、慰謝料20万円の請求が認められた……………………………………46
| 判例15 | ドッグラン内で犬に衝突されて負傷したが、犬の飼い主は、相当の注意を尽くしていたとして、賠償責任が否定された……48
| 判例16 | 犬が接触していなくても、犬が吠えかかったために自転車で転倒してケガをした場合に、飼い主に賠償責任が認められた………………………………………………………50
| 判例17 | 犬同士の喧嘩を止めようとして犬に咬まれたが、被害者側にも過失があるとして過失相殺された…………………52
| 判例18 | 手をすり抜けた犬が散歩中の犬を咬み殺してしまった場合に、加害犬の飼い主に賠償責任が認められた……………54
| 判例19 | シェパードが突進して接触したことでチワワがショック死

冒頭：されたとして、慰謝料の請求が認められた………………32

　　　　　　　したとして、シェパードの飼い主に賠償責任が認められた……56

判例20　飼い犬が小学5年生に咬みついてケガをさせた事案について、被害者に5割の過失割合が認められた…………………58

判例21　放し飼いの犬に咬みつかれて負傷した被害者について、心的外傷後ストレス障害（PTSD）が認められた……………60

判例22　公園で飼い犬が人に衝突し負傷させたことについて、約1900万円の損害賠償責任が認められた………………………62

判例23　犬に襲われ、転倒した人が亡くなり、5000万円超の損害賠償請求が認められた……………………………………64

判例24　飼い犬が吠えて老婆が転倒して負傷した事故について、飼い主に損害賠償責任が認められた…………………………66

判例25　飼い犬が訪問客に咬みついた事案について、飼い主に重過失致傷罪が認められた……………………………………68

判例26　土佐犬が幼児に咬みついた事故について、飼い主に重過失致傷罪が認められた……………………………………70

判例27　中型雑種犬が人に咬みついた事故について、飼い主に過失致傷罪が認められた……………………………………72

判例28　闘犬の咬みつき事故について、飼い主は重過失致死罪と重過失致傷罪によって実刑となった……………………74

判例29　飼い犬を放し、咬みつかれた被害者が溺死した事故について、飼い主に重過失致死罪が成立し、実刑となった……………76

判例30　犬をけしかけて女性に傷害を負わせた事件について、飼い主に懲役6カ月・罰金5万円の実刑が認められた………78

〈コラム〉　判決で認められる弁護士費用、訴訟費用とは？………80

第4章　交通事故とペットの裁判

判例31　飼い犬が自動車にひかれた交通事故について、飼い主にも

　　　　過失が認められた………………………………………………………82

判例32　飼い犬を追いかけた子どもが遭った交通事故について、被
　　　　害者側に7割5分の過失割合が認められた………………………84

判例33　盲導犬が交通事故で死亡したことについて、高額の損害賠
　　　　償請求が認められた…………………………………………………86

判例34　自家繁殖犬舎の経営者が交通事故の被害に遭った際に、犬
　　　　の預かり費用が損害として認められた……………………………88

判例35　飼い主が交通事故に遭い、犬の散歩費用が損害として認め
　　　　られた……………………………………………………………………90

判例36　飼い主が交通事故に遭い、入院期間中の犬の預託費用が損
　　　　害として認められた…………………………………………………92

判例37　飼い主が交通事故に遭い、ペットシッター代が因果関係の
　　　　ある損害として認められた…………………………………………94

判例38　飼い犬が自動車と衝突した事故について、主たる原因は飼
　　　　い主の過失であるとして、飼い主に8割の過失割合が認めら
　　　　れた………………………………………………………………………96

判例39　車に同乗していた犬が交通事故でケガをしたところ、犬用
　　　　シートベルトをしていなかった飼い主側にも過失があるとし
　　　　て過失相殺が認められた……………………………………………98

判例40　飛び出してきた犬に驚き、避けようとしたバイクがガード
　　　　レールに衝突した事故について、飼い主に賠償責任が認めら
　　　　れた………………………………………………………………………100

判例41　犬が交通事故に遭ったところ、飼い主側にも過失があると
　　　　して賠償責任が認められた…………………………………………102

判例42　交通事故に遭った犬について、通院治療費が損害として認
　　　　められた…………………………………………………………………104

〈コラム〉　ペットは物か──日本の民法とドイツ民法との違い…………106

第5章　ペット飼育とマンション規約をめぐる裁判

判例43　ペットを飼えるという説明を信じて新築分譲マンションを購入したところ、実際は規約上飼えなかったことについて、賠償請求が認められた……………108

判例44　ペットの飼育を全面的に禁止する内容へのマンションの規約変更は、有効であると判断された……………110

判例45　マンションの規約に違反した人に対する犬の飼育禁止の請求が認められた……………112

判例46　マンションの規約違反を理由として犬の飼育が差し止められた……………114

〈コラム〉　日本初のペット……………116
〈コラム〉　義犬……………116

第6章　賃貸住宅とペットをめぐる裁判

判例47　ペット飼育禁止特約のある賃貸物件で、仲介者が「内緒」で犬の飼育を認めてくれていたが、契約違反で明け渡すことになった……………118

判例48　賃貸借契約を締結する際に仲介業者の担当者から得たペット飼育の承諾は無効であるとして、家屋を明け渡すことになった……………120

判例49　賃貸物件の退去時にペットの消毒費用として3万5000円が差し引かれた……………122

判例50　猫を飼育していたことによる修繕費用として、敷金からクリーニング代を差し引くことが認められた……………124

目次

| 判例51 | マンション内で飼育していた大型犬が他の居住者に咬みつき、その居住者は恐怖のため引っ越してしまったところ、飼い主に対し、大家が得られるはずであった賃料相当額の賠償責任が認められた……………………………………………………… 126 |

〈コラム〉 災害とペット①――避難をめぐる飼い主の責任……………… 128

〈コラム〉 災害とペット②――東日本大震災における原発事故の補償……………………………………………………………………… 128

第7章　餌やり等による近隣トラブルの裁判

判例52	タウンハウスの部屋内および外での猫への餌やりが禁止された……………………………………………………………………… 130
判例53	闘犬の吠え声による騒音被害が受忍限度を超えるとして慰謝料等の請求が認められた……………………………………… 132
判例54	野良猫に対する餌やりによって糞尿被害が生じたところ、慰謝料請求が認められた……………………………………… 134
判例55	閑静な住宅街において、近隣住民の飼う犬の鳴き声による慰謝料として、1人あたり30万円の賠償請求が認められた…… 136
判例56	野良猫への餌やりに、56万円の賠償責任が認められた……… 138

〈コラム〉 ドイツのティアハイム……………………………………………… 140

第8章　ペット取引の裁判

| 判例57 | ペットショップへ自動車が突っ込んで店舗が損壊したため休業した場合、生き残った若いペットが販売できないまま月齢を重ねたとしても商品損害として賠償の対象にはならない……………………………………………………………………… 142 |

| 判例58 | ブリーダーから犬を購入したところ、パルボウィルスに罹患しておりすでに飼育していた犬も含めて死亡してしまったことについて、賠償請求が認められた……………………144 |

| 判例59 | オウム病にかかったインコを買った飼い主の家族が死亡したことについて、売主に高額の賠償責任が認められた………146 |

| 判例60 | 購入した希少動物のフェネックギツネが白内障になったので、ペットショップに損害の賠償を求めたが、認められなかった……………………………………………………………148 |

〈コラム〉 ドイツは動物殺処分ゼロの国か………………………………150

第9章　ペットの里親をめぐる裁判

| 判例61 | 里親と称して猫をだまし取り殺害した事件で、詐欺罪と動物殺傷罪が成立した………………………………………152 |

| 判例62 | 飼育する意思がないのに里親になると称して多数の猫を受け取った者に対し、72万円の賠償責任が認められた…………154 |

| 判例63 | 里親に出された犬猫の返還請求が認められなかった………156 |

〈コラム〉 スペインの闘牛………………………………………………158

第10章　ペットサービスの裁判

| 判例64 | ペットホテルに預けた犬が散歩中に行方不明になったことについて、飼い主による賠償請求が認められた………………160 |

| 判例65 | ペットホテルに預けた犬8頭のうち、5頭が死亡し、2頭がケガを負ったことについて、ペットホテルに対し、150万円の賠償責任が認められた……………………………………162 |

| 判例66 | ペットホテルに預けた犬が骨折したことについて、治療費と慰謝料の賠償請求が認められた……………………………164 |

判例67	トリマーが猫の尻尾を誤って5cmも切断したことについて、賠償請求が認められた……………………………………………… 166
判例68	外国から帰国する際に航空会社に飼い犬の空輸を依頼したところ、輸送中に犬が死亡したことについて、航空会社の過失は認められなかった…………………………………………… 168

〈コラム〉　EUにおける動物保護法 ………………………………… 170

第11章　その他の裁判

判例69	欠陥があるフレキシブルリードの輸入販売業者に対し、賠償責任が認められた………………………………………………… 172
判例70	行政職員から保護動物を殺処分する旨を伝えられたことによる精神的苦痛は、損害賠償の対象とならない……………… 174
判例71	譲り受けた猫の血統書の申請をしたことを偽造した書類に基づくものであると非難されたことについて、慰謝料請求が認められた……………………………………………………… 176
判例72	ホンドギツネ等の動物を原告とする訴訟提起は認められない……………………………………………………………… 178
判例73	ハトを大量に虐殺したことについて、動物愛護管理法違反などの罪で処罰された…………………………………………… 180
判例74	猫の虐待の様子をインターネット中継したところ、動物愛護管理法違反で処罰された……………………………………… 182
判例75	子どもが野犬に襲われて死亡したことについて、県の賠償責任が認められた……………………………………………… 184
判例76	狂犬病予防法違反の犬は、没収できない…………………… 186
判例77	乗馬牧場の経営者が動物虐待罪によって罰金刑で処罰された………………………………………………………………… 188
判例78	放った矢がカモに命中しなくても鳥獣保護法の「捕獲」に

目次

　　　あたり、有罪とされる……………………………………………… 190
　判例79　動物救援活動団体の会計報告の不十分さ等について、支援
　　　金を支払った者に対して慰謝料の請求が認められた………… 192
　〈コラム〉　動物愛護管理法と行政処分…………………………… 194

巻末資料…………………………………………………………………… 195
判例索引…………………………………………………………………… 200

執筆者紹介………………………………………………………………… 204

凡　例

（法令等）

憲法	日本国憲法
動物愛護管理法	動物の愛護及び管理に関する法律
鳥獣保護法	鳥獣の保護及び管理並びに狩猟の適正化に関する法律
ペットフード法	愛がん動物用飼料の安全性の確保に関する法律
区分所有法	建物の区分所有等に関する法律
廃棄物処理法	廃棄物の処理及び清掃に関する法律
東京都ペット条例	東京都動物の愛護及び管理に関する条例

（ウェブサイト・データベース）

裁判所 HP	裁判所ウェブサイト〈http://www.courts.go.jp/〉
LLI/DB 判例秘書	LLI 判例検索システム
ウエストロー・ジャパン	Westlaw 判例データベース
TKC	TKC 法情報データベース LEX/DB 判例データベース
D1-Law 判例体系	D1-Law.com 第一法規 法情報総合データベース

第1章

はじめに

I ペットをめぐる判例の位置づけ・動向

1 序説

　犬や猫のことで裁判沙汰にはなりにくいと考えがちです。ところが、交通事故や咬傷事件の分野ではかなり以前より裁判例がありました。

　咬傷事件は減りつつありますが年間4000件以上の報告があります。その中には裁判にまで発展する事例もあります。民事上の賠償を求める裁判では、人のケガの度合いにより高額の賠償金が認められることがあります。賠償問題だけでなく、刑事事件に発展し有罪となる事件もあります。

　交通事故の場面では、ペットは物としての発想が強く、自動車にひかれても当たり前と考えられていましたが、最近では損害賠償に関する争点を生み出しています。

　平成の時代になるとさらに多くの場面でペットにまつわる裁判例が登場してきます。住宅事情が変わり、マンション内で飼育することが多くなり、マンション内の規約などの問題も出てきました。賃貸物件の部屋内でペットを飼育する事例も多くなり、飼育禁止の特約がある場合に違反して飼育していることに対する裁判例も出ました。

　近隣の問題としては、鳴き声による被害を救済する裁判例や猫への無責任な餌やりに関する裁判例も登場しました。

　ペットショップからの購入に関する裁判例、里親へ出した後の返還請求の可否などに関する裁判例もあります。

　ペット産業の拡大に伴い、ペットホテル・トリマーさんとのトラブルも訴訟に発展しています。

　その他にも、動物虐待に関するもの、災害時の動物救済のための団体に対する募金の問題など新しい分野に関する裁判例が出てきました。

　裁判で基準となる法律では、ペットは物と同じと言われてきました。しか

し、実際の裁判の事例では、ペットの治療費を損害と捉えて賠償を認めたり、飼い主の精神的苦痛に対して慰謝料の支払いを認めるなどして、純粋な物とは異なる、命ある物として修正を加える解釈を施すようになってきました。裁判の場において、飼い主のペットに対する深い愛情が理解されるようになってきたと思います。

ペット好きの人もいれば、ペット嫌いの人もいます。両者の意見が対立した場合、それを解決する基準は法であり、法を適用して紛争を解決するのは裁判の役目です。

本書に掲げた裁判例を参考にして、どのような場面で法的な紛争が生じ、裁判にまで発展してしまうのか、裁判の場面では裁判官はどのような判断をするのか、裁判にならないようにするためにはどのようにすればよいのかの理解の手助けになると幸いです。

次に裁判例の類型ごとに、解説をつけ加えます。

2 ペットの医療過誤の裁判（第2章：判例1～判例13）

獣医師に往診に来てもらう時代から、飼い主がペットを連れて動物病院へ通院する時代に変化しました。また、ペットは番犬やネズミを捕ってくれる存在から、飼い主に喜びを与えてくれるような存在へとその役割も変わってきたと思います。飼い主は可愛いペットが健康で長生きしてくれるように治療・手術を依頼します。ところが、一般的に簡単だといわれていた手術でペットが死亡してしまった場合、飼い主としては、治るという説明を聞いたから手術を頼んだのに、なぜ死んでしまったのか納得ができません。心の準備もなく突然に最愛のペットと別れることになりペットロス症候群に陥ることもあります。さらに、真実を解明する、二度と同じような過誤を繰り返してほしくない、亡くなったペットのためにできるだけのことをしてあげたい等の動機から裁判を起こすことがあります。

動物病院に対する訴訟としては、本書でも取り上げたいわゆる真依子ちゃん事件（判例5）の存在は大きいと思います。この判例は、糖尿病の犬に対

しインシュリンを投与しなかった獣医師の注意義務違反を裁判所が認めたものです。この裁判では、人間の医療事件と同様に、裁判所の医療集中部という医療過誤事件を多く扱う部で審議が行われました。判決後には、記者会見も開かれ、マスコミに大きく取り上げられました。この事件を契機に、獣医療過誤事件の裁判例が増えたといえるでしょう。

　平成19年には、飼い主から某動物病院に対し、5件の訴訟が同時期に起こされる異例の事態が現れました。本書ではそのうちの1つの裁判例を取り上げました（判例4）。裁判官は、単なる過失ではく、詐欺的との表現を用いました。この事例は、獣医療過誤事件の中でも最も悪質な一例であるといえましょう。この獣医師に対しては行政上の処分として業務停止命令も出されました。獣医療過誤訴訟に敗訴したことを理由として、行政上の処分がなされた珍しい事例でもあります。

　平成17年には、飼い主の自己決定権を念頭におき、手術についての説明義務違反としての責任を認める裁判例も出ました（判例8）。獣医療過誤訴訟が増えてきたことで、獣医師はカルテを詳細に記入し、飼い主へのインフォームド・コンセントを尽くすようになり、獣医療の水準の向上・改善が図られてきたといえるでしょう。

　獣医療過誤が認められる場合には、ペットの飼い主に対し慰謝料が認められます。昭和40年代の裁判例ではその額は数万円にすぎませんでしたが、最近の裁判例では数十万円の慰謝料の支払いを認めています。慰謝料の額は数値としては増加しているといえます（判例1等）。もっとも、獣医療過誤訴訟をするには弁護士に依頼せざるを得ないことも多く、その場合、多額の費用を必要とします。勝訴しても裁判所が認める額は、人の子どもが死亡した事例に比べるとかなり低い額でしかありません。裁判を維持する経済的負担はかなり大きいのが現実のようです。

　平成3年11月28日の裁判例（判例9）は、動物病院が犬の飼い主を相手に訴訟を起こした事例です。正当な根拠に基づくことなく、感情的に獣医師に対して苦情を言うと逆に訴えられてしまうこともあり得るのです。

飼い主は、獣医療過誤に巻き込まれないよう、獣医師に対し十分な説明を求め、飼い主自身もペットの病気のことをよく勉強する必要があるでしょう。

3　ペットと咬傷等の裁判（第3章：判例14〜判例30）

　犬が人に咬みつくなどして危害を与える事例は、昔から存在します。散歩中にコントロールが及ばなくなり、人や犬に咬みついてしまう事例、自宅を訪れた来客に対して咬みついてしまう事例などさまざまです。中には刑事事件として立件され、実刑となり刑務所に収監される事例も存在します。

　動物の飼い主には、民法718条で重い責任が規定されています。飼い犬が、他人に咬みつくなどして損害を与えた場合には、原則としてその損害を賠償しなくてはならないのです。相当の注意を払っていた場合には免責されることがありますが、免責は容易には認められません（もっとも、ドッグランの敷地内での事例で免責を認めた裁判例があります（判例15））。

　犬等が、他の犬や猫等に咬みついた事例では、ペットの治療費・飼い主の慰謝料などを賠償する必要が生じます（判例14・判例18等）。犬が、人に咬みつくなどして、傷害を負わせたり、死亡させたりしたときは高額な賠償責任が生じます（判例22・判例23等）。咬みつかなくても、吠え声に驚いたときの転倒事故でも責任が生じます（判例16）。飼い主は、犬は咬みつくなどして事件を起こすことがありうることを自覚して、他人に迷惑をかけないよう十分な管理をする必要があります。

　もっとも、他人が犬に安易に近づき咬まれる事故もあります。そのように、咬まれた人にも不注意がある場合には、損害の公平な分担の見地から咬まれた人への賠償額が減額されることがあります。5割や8割ほど減らされる事例もあります（判例20）。可愛い犬を見つけて触るときには、その犬が怖がっていないか様子を見ること、突然咬みつくこともありうることを念頭におきましょう。

　闘犬等の大型犬を飼うときはさらに注意が必要です。檻から逃げだし人を咬み殺したりすると刑事事件に発展することがあります。刑法上、犬を利用

して他人にケガを与えれば傷害罪（判例30）、うっかり飼い犬が他人に咬みついてしまった場合は過失致傷罪（判例27）、その過失の不注意度が酷い場合は重過失致傷罪（判例25・判例26）が成立します。刑事裁判で有罪となる場合でも、初犯で被害が軽い事件では執行猶予が付き刑務所へ収監されずにすむ場合がありますが、犬が人に咬みつき死亡させてしまう事例（判例28・判例29）では、実刑となり刑務所に収監されることになった事例もあります。刑務所に収監されている期間は可愛い犬とも会えなくなってしまします。犬は殺傷能力もあることの自覚も必要でしょう。

4　交通事故とペットの裁判（第4章：判例31～判例42）

　散歩中の犬が自動車にひかれる事故も古くから存在します。犬猫は、人に比べると背が低く運転手からは見えにくい、色の黒い犬猫は夜間にはさらに見えづらい、飛び出してきた動物を避けるために急にハンドルを切ることや急停止することはかえって危ない等の事情があり、犬がひかれても十分な損害の賠償がなされてこなかったといえるでしょう。ところが、飼い主のペットに対する愛情が深まったせいか、裁判でペットの死やケガが争点として取り上げられる事例が多くなりました。ペットの治療費などが損害の賠償の対象として認められています（判例42）。

　飼っているペットが道路へ飛び出して事故を起こした場合、リードをコントロールできなかった飼い主の責任が問われることはいうまでもなく、損害の公平な分担という発想から、損害額は適切な額に減額されることもあります（判例31等）。

　犬猫自体の損害額をどのように計算するのでしょうか。一般的は時価の相場で決まるとされていますが、通常の飼い犬・飼い猫には時価相場はありません。それでは、価値はゼロなのかという問題に直面します。裁判所は、取得価格、ドッグショーでチャンピオンとなった経験があるかないか等の事情を参考にして、時価相当額を算出することになります。判例33では、盲導犬の価値が争点となりました。盲導犬は、無償で貸与されています。裁判所は、

盲導犬を育てるためにかかる費用等から価値を割り出しました。ペットの価値を算定する際に参考になる裁判例です。

犬を自動車の座席に乗せてドライブ中に事故に遭遇してしまった場合、相手方に対して犬の治療費などの損害の賠償を求めることができます。もっとも、その犬がシートベルトをしていない場合、請求額が1割減額されてしまうという裁判も出ました（判例39）。犬も人と同じようにシートベルトの着用が必要な時代になったのです。

交通事故により、飼い主が入院するなどして、飼い犬の散歩ができなくなったとき、代わりに散歩させた人の手間賃の支払いを認める裁判例が出ました（判例35）。また、ペットをペットシッターなどに預けた場合、その費用も損害賠償の対象として認められるようになりました（判例36）。

飼い主としては、ペットが交通事故に遭わないよう、仮に遭ったとしてもケガが最小限にとどまるような配慮が必要になります。

5　ペット飼育とマンション規約をめぐる裁判（第5章：判例43～判例46）

多数の世帯が同じ建物内に居住するマンションでもペットにまつわる問題が生じています。

マンション内でのペットの飼育に関する規約の問題があります。分譲時に不動産業者が正確な表現をしなかったために、入居後、ペット飼育を続けることができなくなった裁判例があります（判例43）。管理組合の規約の変更により、ペット飼育が全面禁止となったマンションの裁判例もあります（判例44）。規約でペットの飼育が禁止されている場合に、これを無視して飼い続けると、裁判により飼育禁止の判決が出ることもあります（判例45）。

マンションという高額な物件を購入するに際しては、どのくらいの大きさのペットを何匹まで飼育できるのか等の情報を、規約や細則まで調べて確認するなどの事前の準備も重要です。

6　賃貸住宅とペットをめぐる裁判（第6章：判例47～判例51）

　ペットと一緒に住める賃貸物件が増えてきたようです。とはいえまだまだペット飼育を禁止している物件は多く存在します。賃貸借契約上、ペットの飼育が禁止されている物件で、契約に違反して飼育をしていると、契約解除の原因になることがあり、これを認めた裁判例があります（判例47）。
　ペット飼育が可能な物件の場合は、明渡しの際の敷金の清算の問題が発生します。ペットを飼っていた場合は、飼っていなかった場合に比べ、床などの汚れ・傷や動物臭が酷く、補修費・クリーニング費などがかさむことが予想されます。敷金から脱臭費用などが引かれるとした裁判例もあります（判例49）。ペット飼育可能な物件でも明け渡すときのことを考え、なるべく汚さないように心がけることも必要でしょう。

7　餌やり等の近隣トラブルの裁判（第7章：判例52～判例56）

　昔は庭で犬が吠えていることは、防犯上必要であるとされていて問題視されることはなかったでしょう。ところが、住宅の密集する都会では室内飼いが主流となり、近所の犬の鳴き声は騒音として感じることもあります。多数の犬が夜中に鳴き続けて眠れない等の問題となりうるのです。行政に指導してもらっても改善されないような場合は裁判に至ることもあります。裁判では、いわゆる受忍限度を超えている騒音であることを立証することになります。実際裁判で損害賠償が認められた事例がありますが（判例53・判例55）、その損害賠償額はそれほど高額ではないように思えます。近隣住民間の問題でもあり、裁判になる前に他の方法で解決できるとよりよいでしょう。
　その他の近隣の問題としては、猫への無責任な餌やりを問う事例があります。食べ物がなくては可哀想だと思い餌を与える人がいる反面、多数の野良猫による糞尿被害に苦しむ人もいます。猫に対する餌やりを禁止する条例を制定した市もあります。裁判例では、野良猫への無責任な餌やりをした人に対して、近隣住民に対する慰謝料の支払いを命じたものが出ています（判例

56）。

8 ペット取引の裁判（第8章：判例57～判例60）

　ペットショップで購入したペットが病気にかかっていたり、購入直後に死んでしまったというトラブルは往々にしてあることだと思います。しかし、実際に裁判に至る事例は少ないようです。
　購入した犬がパルボウィルスに罹患していて以前から飼育していた他の犬にうつってしまった場合に、拡大した損害の賠償を認めた裁判例（判例58）、インコを購入したところオウム病に罹患していて人にうつり死亡してしまったことに対する損害を認めた裁判例（判例59）があります。
　ペットショップで動物を購入する際には、病気にかかっていないかどうか、獣医師の診断は済んでいるか等に注意し、信頼のおける店から購入することが大切です。また、購入直後に死亡したり病気に罹患していることが判明したとき、どのような対応をしてもらえるのかについて売買契約書の特約事項等で確認することも大切です。

9 ペットの里親をめぐる裁判（第9章：判例61～判例63）

　行政機関によるペットの殺処分数は減少傾向にあります。殺処分にならないようにいろいろな人達が努力してペットの譲受人・里親を探しています。その里親制度にまつわる問題も生じています。
　動物虐待を目的として、里親と称して猫を譲り受けていた里親詐欺に対する刑事裁判例があります（判例61）。不適切な里親に対して返還請求を認める裁判例も出ました（判例62）。
　もっとも、里親を扱う団体にペットを渡す際には、二度と会えなくなるという覚悟も必要です。災害時に手放したペットの返還を否定した裁判例があります（判例63）。

10　ペットサービスの裁判（第10章：判例64～判例68）

　ペットにまつわる産業も増えましたが、そこでもトラブルは発生しています。

　ペットホテルに預けた場合は寄託契約が成立し、業者は善良なる管理者としての注意義務を負うことになります。預かっている最中に生じたケガや逃げ出したことに対する責任を認めた裁判例があります（判例64・判例65・判例66）。

　トリマーによる事故もあります。散髪中に誤って尻尾を切ってしまった事例で賠償を認めた裁判例が出ました（判例67）。

　ペットを飛行機に乗せざるを得ないこともあるでしょう。飛行機での輸送に関する裁判例では、航空会社の責任を否定しました（判例68）。飛行機での輸送の前には、獣医師に健康診断をしてもらうなど細心の注意が必要でしょう。

11　その他の裁判（第11章：判例69～判例79）

　その他のペットに関する裁判例としては、フレキシブルリードの不具合による賠償を製造業者に命じたもの（判例69）、行政からの殺処分の通告には慰謝料が発生しないとしたもの（判例70）、偽造された血統書にまつわり慰謝料を認めたもの（判例71）、動物が主体となり裁判を起こすことを否定したもの（判例72）、ハトを大量に虐殺して処罰されたもの（判例73）、猫を虐待してインターネットに動画を流したもの（判例74）、野犬の管理に対し行政の責任を認めたもの（判例75）、犬の没収を否定したもの（判例76）、経営破たんした乗馬経営者の虐待を認めたもの（判例77）、鳥獣保護法の捕獲の解釈に関するもの（判例78）、動物救済の団体の会計報告に不適切な点があることを認めたもの（判例79）を取り上げました。

　ペットを取り巻く社会情勢の変化につれて、今後もさまざまな裁判例が登場してくることでしょう。

Ⅱ　ペットに関する法律概観

1　序　説

　ペットは人間と違い、権利の主体となることはできないとされていて、法律上は、動産（物）として扱われます。

　しかし、ペットは、飼い主にとっては愛情の対象であり、家族同様の存在です。また、動物には物にはない命があり、感情もあります。また、動物は、生態系や生物資源の一つであり、地球環境にとって欠かせない存在として、環境問題に深く関連しています。

　そのため、動物は、法律上は、単なる動産として扱われるだけではなく、ある時は飼い主の愛玩の対象として、ある時は動物自身が保護の対象として、ある時は地球環境の一部として法律の対象となっています。

2　動物に関する法の法体系

　憲法には、動物について定める条文はありません。

　しかし、国会により制定される法律には、動物に関するさまざまな法律が定められています。

　その代表は、動物の愛護や管理などについて定めた動物愛護管理法です。他に、動物を保護するものとしては、鳥獣保護法やペットフード法などが定められています。

　公衆衛生の観点からは、狂犬病予防法や家畜伝染病予防法などが、生態系の保存の観点からは、特定外来生物による生態系等に係る被害の防止に関する法律などが定められています。また、獣医療については、獣医師法や獣医療法が定められています。

　そして、法律を実施するために必要となる手続や基準については、各法律の施行令（政令）、施行規則（省令・府令）、告示、公示、通達等が定められ

ています。

　また、動物の愛護や管理については、地域性が深く関連してきます。そのため、各自治体がペット条例や多頭飼育に関する条例などを制定しています。

　さらに、国際的な問題については、国家間の法的合意である条約が定められています。有名なものとしては、絶滅のおそれのある野生動植物の種の国際取引に関する条約（ワシントン条約）や特に水鳥の生息地として国際的に重要な湿地に関する条約（ラムサール条約）があります。

3　動物愛護管理法について

　動物に関する法律の中心となるのは、動物愛護管理法です。

　動物愛護管理法は、すべての人が「動物は命あるもの」であることを認識し、みだりに動物を虐待することのないようにするのみでなく、人間と動物がともに生きていける社会をめざし、動物の習性をよく知ったうえで適正に取り扱うよう定めています（環境省ウェブサイト参照）。

　具体的には、動物の飼い主等の責任、動物の飼養および保管等に関するガイドライン、動物取扱業者についての規制、周辺の生活環境の保全、危険な動物の飼養規制、犬および猫の引取り、基本指針と推進計画、動物愛護推進員と協議会、動物虐待などについての罰則が定められています。

4　ペットのトラブルに関する法律について

　動物は、法律上は、権利の主体となることができません。民法上は、動産（物）として扱われています。

　そのため、ペットにまつわるトラブルは、そのペットの飼い主である所有者やトラブルの当事者である人間たちのトラブルとして、人間に法律が適用されて、解決を図ることになります。

(1)　民事事件に関する法律について

　ペットは、民法上は、動産に該当します。そのため、ペットが傷つけられ、亡くなったとしても、ペット自身が損害賠償請求をすることはできません。

その代わりに、ペットの所有者である飼い主が損害賠償請求をすることになります。具体的には、ペットという財産を傷つけられた、失ったことによる経済的利益を損害として請求することになります。また、愛情の対象であったペットを傷つけられ、失ったことによる、飼い主の精神的損害を慰謝料として請求することになります。請求の根拠としては、不法行為に基づく損害賠償請求（民法709条）のほかに、飼い主と相手方に契約関係がある場合には、債務不履行責任（民法415条）や瑕疵担保責任（民法570条）などが考えられます。

　逆にペットが人間を傷つけてしまったような場合には、ペットではなく、飼い主が法的な責任を負うことになります。具体的には、飼い主は、動物の占有者として、民法718条1項により、損害賠償責任を負うことになります。同項ただし書では、動物の占有者が、「動物の種類及び性質に従い相当の注意をもってその管理をしたときは、この限りでない」として、責任を免れられる場合について規定されています。しかし、この相当の注意を尽くしていたかどうかについては、裁判所は、非常に厳しく判断をしていて、相当の注意を尽くしていたと認められるケースは非常に少なく、飼い主の責任は大変重いものとなっています。

　このほか、たとえばペットショップとの契約については、ペットショップが法的責任を不当に免れることのないように、消費者契約法が適用されます。このように、通常の契約に関する法律が問題となることもあります。

　さらに、法律そのものではありませんが、近隣紛争に関しては、各自治体のペット条例のルールを守っているかどうかが問題になったり、マンションであればマンションの管理規約が問題となったりすることがあります。

(2) **刑事事件に関する法律について**

　刑事事件については、基本的に刑法が適用されます。

　ペットが人間にケガを負わせてしまった場合には、その行為態様によって、過失致傷罪、重過失致傷罪、傷害罪などが成立します。不幸にも被害者が亡くなるケースもあり、その場合には、重過失致死罪などが成立します。

逆に、ペットが被害者となる場合には、傷害罪や殺人罪は成立せず、器物損壊罪のほか、動物愛護管理法が定める動物虐待罪などが成立します。

さらに、数年前にニュースになりましたが、ペットの死体を遺棄した場合には、廃棄物処理法違反となります。

この他、条例にも罰則を定めることができますので、条例違反が刑事事件となる場合もあります。

(3) **行政に関する法律について**

ペットの飼育に関しては、動物愛護管理法が特定動物について許可を必要としていますが、このほかにも、自治体が特定の動物の飼育に関して許可制や届出制を設けていることがあります。また、多頭飼育や悪臭被害についても、法とは別に、これらを取り締まる条例が定められている場合もあります。必要な許可を得ずに動物を飼育していたり、多頭飼育による悪臭などが問題となったりしている場合には、行政は、動物愛護管理法や条例に基づき、問題のある飼い主に対し、指導、勧告、命令、刑事告発などを行うことができます。

また、動物愛護管理法により、動物取扱業者は都道府県知事等に届出をしなければならず、都道府県知事等は動物取扱業者を管理、監督する立場にあります。そのため、都道府県知事等は、不当な動物取扱業者に対しては、立入検査を行い、必要に応じて、監視、指導、監督、命令等を行うことができるだけでなく、登録の取消しをすることもできます（動物愛護管理法19条・23条）。

獣医師については、農林水産省が監督官庁となっています。そのため、農林水産大臣は、獣医師としての品位を損ずるような行為をした獣医師が罰金以上の刑に処せられた場合には、獣医事審議会の意見を聴いたうえで、免許の取り消しや業務の停止を命じることができます（獣医師法8条2項）。

Ⅲ　本書の利用の仕方

1　本書の内容および構成

　本書は、法律専門家だけでなく、広く一般の方にも、動物に関する裁判例を理解していただくことを目的にしています。

　取り扱う裁判例は、みなさんに身近なペットに関するものを中心にしていますが、ペット以外の動物に関するものも掲載していますし、民事の裁判例だけでなく、刑事の裁判例も掲載しています。

　民事の裁判例については、ペットをめぐる医療過誤、咬傷等の事件、交通事故、マンション規約、賃貸住宅、餌やり等の近隣トラブルの裁判、ペットの取引や里親をめぐる裁判、ペットサービスについての裁判など、テーマごとに10の章を設けて掲載し、解説しています。

　刑事事件については、咬傷等の事件を解説する章の後半、および「その他の裁判」の中に掲載し、解説しています。

　各裁判例は、裁判所、判決の年月日、掲載されている裁判集、要旨、Point、解説、参考条文、関係判例によって構成されています。

2　本書の効果的な使い方

(1)　法律専門家ではない方、裁判例の概要を知りたい方

　裁判例の表題だけでも、どのような裁判例であったのかが分かるようになっていますが、要旨では、裁判例の概要が分かるよう、簡単な事例と結論を紹介しています。

(2)　裁判例をより詳しく知りたい方

　まず、要旨を読んで裁判例の概要をご理解いただき、次に、Pointを読んで、裁判例の法律的な問題点を押さえてください。そのうえで、解説を読んでいただくことで、裁判例をより深く理解していただくことができます。解

説では、裁判例について、要旨よりも詳細な事案を説明するとともに、Pointに記載された法律的な問題点についての、裁判所の判断基準や判断内容を記載しています。

また、損害賠償が問題となった事案では、実際に認められた金額やその内訳なども可能な範囲で掲載しています。

解説の最後には、裁判例に対する簡単な評価を記載しているものもあります。裁判例のもつ意味を理解する参考になさってください。

さらに、本書の巻末には、解説で出てきた「参考条文」を六法で調べなくてもよいように、まとめて掲載していますので、ぜひ活用してください。

(3) **より深く裁判例を理解したい方**

裁判例について、より深く理解したい方は、判決の年月日をもとに、掲載されている裁判集を当たれば、判決文全文を探すことができますので、判決文全文をお読みください。

また、関係判例では、裁判例の原審、控訴審を紹介するとともに、同種事案や同一の法律的問題点についての裁判例を参考として掲載しています。これらの裁判例の判決文を読むことで、法律的な問題点や参考条文について、より深く理解することができます。

第2章

ペットの医療過誤の裁判

判例 1 獣医師に必要な検査をしなかった過失があるとして、慰謝料40万円の請求が認められた

東京高裁平成20年9月26日判決（判例タイムズ1322号208頁）

要旨

Aは、飼い犬（ミニチュアダックスフンド）に出来物ができ、治らないのでB病院に連れて行きました。飼い犬は無菌性結節性皮下脂肪織炎でしたが、B病院の獣医師は、無菌性結節性皮下脂肪織炎とは疑わず、必要な検査もしなかったため、飼い犬は、無菌性結節性皮下脂肪織炎が悪化して、間質性肺炎およびDIC（播種性血管内凝固症候群）に罹患し、一時は生死を危ぶまれる状況に陥りました。初診から26日後以降は、大学病院に転院し、その後、快復しました。

裁判所は、B病院の獣医師には、少なくとも初診から4日後の入院時には、無菌性結節性皮下脂肪織炎を疑って、その診断のために必要な検査をすることを怠った過失があるとして、B病院および獣医師の責任を認めました。

Point

① 獣医師の善管注意義務の内容は何か
② 獣医師に善管注意義務違反（過失）が認められるか

第1審（地方裁判所）では、裁判所は、獣医師は、無菌性結節性皮下脂肪織炎を疑い、細菌培養検査を行うべき注意義務があり、無菌性結節性皮下脂肪織炎と診断して、必要なプレドニゾロンを処方（投与）するか、または、その診断ができない状況であれば、確定診断を行うことができる高次医療機関へ転院させるべき注意義務を負っていたが、これを怠った過失があるとして、獣医師の責任を認め、慰謝料20万円を認めました。

本判決（高等裁判所）では、裁判所は、まず、獣医師は、診療契約に基づ

[判例1] 獣医師に必要な検査をしなかった過失があるとして、慰謝料40万円の請求が認められた

き、善良なる管理者としての注意義務を尽くして動物の診療に当たる義務を負担するとしました。そして、裁判所は、この注意義務の基準となるべきものは、診療当時のいわゆる臨床獣医学の実践における医療水準であること、医療水準は、診療に当たった獣医師が診療当時有すべき医療上の知見であり、当該獣医師の専門分野、所属する医療機関の性格等の諸事情を考慮して判断されるべきものである（最高裁平成7年6月9日判決（最高裁判所民事判例集49巻6号1499頁）等参照）こと、獣医師が自ら医療水準に応じた診療をすることができないときは、医療水準に応じた診療をすることができる医療機関に転院することについて説明すべき義務を負い、それが診療契約に基づく獣医師の債務の内容となることを示しました。

そのうえで、本件では、初診時については、義務違反はないものの、初診から4日後以降については、無菌性結節性皮下脂肪織炎の診断のため通常執られている手法に従い、生検を実施し、外部の検査機関に委託して菌の培養をし、無菌であるかどうかを確認するなどの措置を執るべき注意義務があったというべきであるが、外部検査機関に細菌培養検査を依頼したのは、初診から約10日を経てからであり、かかる注意義務を怠った過失があるというべきであるとして、獣医師とB病院の責任を認めました。

そして、飼い主の慰謝料については、飼い犬をわが子同様に可愛がり、強い愛着を抱いていたこと、飼い犬が一時生死を危ぶまれるような状態に陥ったこと、入院期間が長引いたことなどから、飼い主が多大な精神的苦痛を被ったとして、40万円を認めました。これ以外に、転院先の治療費や弁護士費用なども損害として認められています。

本件では、裁判所は、獣医師の善管注意義務の内容を検討する際に、人の医療水準に関する判例を、獣医療に置き換えて検討しています。

《参考条文》民法709条
《関係判例》（第1審）横浜地裁平成18年6月15日判決（判例タイムズ1254号216頁）

判例 2　手術後の輸血について説明義務違反があったとして、慰謝料等の請求が認められた

名古屋地裁平成21年2月25日判決（ウエストロー・ジャパン）

> **要旨**
> Aの飼い犬（ウェルシュコーギー）が腹腔内陰睾丸腫瘍摘出手術を受けたところ、手術12日後に飼い犬が死亡したため、B病院およびC獣医師を訴えました。Aは、輸血用血液の準備義務違反、転院義務違反、説明義務違反などを主張しましたが、裁判所は、手術後の輸血に関する説明義務違反のみを認めました。

Point
① 輸血用血液の準備義務違反が認められるか
② 説明義務違反が認められるか
③ 説明義務と死亡との間に、相当因果関係が認められるか

　C獣医師は、Aに対し、腹腔内陰睾丸腫瘍摘出手術に先立って、輸血を行う必要について説明をし、B病院では供血犬を育成中であり、提携している他病院から輸血用血液を借り受けることが難しい状況であることから、B病院において血液の入手が困難であることを説明したうえで、飼い主らに対して、供血犬を準備する必要があることを説明しました。そこで、飼い主らは、飼い犬の妹にあたる犬Dから輸血が可能ではないかと述べ、手術を受けることを決めました。

　手術では、Dから採血した血液を、止血機能を確保する目的で輸血し、手術は終了しました。飼い犬は、手術から5日後には、Dから採血した血液を輸血し、手術から8日後には退院しましたが、骨髄機能が回復しておらず、今後も1回300ml程度の輸血を1カ月に1回程度継続して行う必要があるものの、Dは大型犬ではないので、今後十分な採血をすることは不可

[判例2] 手術後の輸血について説明義務違反があったとして、慰謝料等の請求が認められた

能であることから、C獣医師は、飼い主に対し、今後の輸血の必要性を説明するとともに、輸血態勢の整っている別の動物病院への受診を示唆しましたが、飼い犬は手術から12日後には死亡しました。

飼い主は、輸血用血液の準備義務違反を主張しましたが、裁判所は、輸血には、手術にあたって止血機能を確保するための輸血と骨髄抑制に対する支持療法としての輸血があるとしたうえで、当該病院自体に輸血態勢が整っていなかったとしても、飼い主の協力を求めるなどして、手術に必要な輸血用血液を確保できるのであれば、輸血用血液の準備義務違反は生じないとし、本件では、飼い主に説明のうえ、供血犬の準備を求め、手術に必要な輸血を行っていることから、義務違反はないとしました。

しかし、説明義務に関しては、手術前には、本件手術のみならず、術後の治療のためにも輸血が必要となるが、B病院で血液を確保することができないことに伴う問題点について具体的に説明し、術後の輸血についてもAで準備してB病院で治療行為を受けるか、他の病院で治療行為を受けるかの選択について、熟慮したうえで判断できるよう、わかりやすく説明する義務があるものの、その説明をしたとは認められないとし、説明義務違反を認めました。

そして、説明を受けていたのであれば、Aは別の病院で治療を受けさせたものと認められ、別の病院で必要な輸血を受けていれば、飼い犬が死亡した時点においてなお生存していた高度の蓋然性が認められるとして、説明義務違反と飼い犬の死亡との間に、相当因果関係を認めました。

なお、飼い主3人について、1人あたり7万円、合計21万円の慰謝料と弁護士費用合計3万円の損害賠償を認めました。

《参考条文》民法415条
《関係判例》（第2審）名古屋高裁平成21年11月19日判決（ウエストロー・ジャパン）：術後の輸血についても十分な説明があったとして、獣医師の責任は否定された

判例 3	高齢犬に対し、飼い主の同意なく3つの手術を同時に行ったことについて、不適切であったとして、慰謝料の請求が認められた

東京高裁平成19年9月27日判決（判例時報1990号21頁）

要旨

Aの飼い犬（柴犬、15歳）に対し、子宮蓄膿症治療のための卵巣子宮全摘出、口腔内腫瘍治療のための下顎骨切除、乳腺腫瘍切除の3カ所の手術を同時に行ったこと等につき、飼い主は、B病院およびC獣医師に対し、必要のない手術を施したうえ、手術後の治療が不十分であったために飼い犬を死亡させたこと、その他説明義務違反等を理由に、慰謝料等の損害賠償を請求しました。裁判所は、本件手術は適切でなかったとするとともに、説明義務違反も認めました。

Point

① それぞれの手術の必要性が認められるか
② 同時に手術する必要性が認められるか
③ 説明義務違反が認められるか
④ 手術と死亡との間に、相当因果関係が認められるか

第1審（地方裁判所）は、卵巣子宮全摘出手術、下顎骨切除手術については、手術の必要性を否定し、獣医師の責任を認めました。しかし、乳腺腫瘍切除は簡単な手術であって、単独でその適否について検討する必要性は認められないとしたうえで、手術についての同意を認め、説明義務違反も認めませんでした。慰謝料としては、1人あたり15万円を認めています。

これに対し、本判決（高等裁判所）は、3つの手術の必要性、同時に手術する必要性を否定するとともに、説明義務違反も認めました。

具体的には、下顎骨切除手術については、生検を行わない単に切除のみを目的とした不適当なものであったこと、卵巣子宮全摘出手術については、ほ

[判例３] 高齢犬に対し、飼い主の同意なく３つの手術を同時に行ったことについて、不適切であったとして、慰謝料の請求が認められた

かに何ら異常を示す検査結果がないにもかかわらず、１回のエコー検査の結果のみで子宮蓄膿症と診断しており、子宮蓄膿症の診断は慎重さを欠き不適正であり、また手術の緊急性の判断についても慎重さを欠き不適切であったこと、乳腺摘出手術については、良性であり、手術の必要性はなかったことを認めました。そして、３つの手術を同時に行うことを優先し、これら手術を同時に行うことの危険性および緊急性についての慎重な判断を欠いたものと認めました。

そして、下顎骨切除手術、卵巣子宮全摘出手術の実施については、同意を得たものと認められる（ただし、下顎骨切除手術については十分な説明を受けたうえでの真正の同意といえない）とはいえ、それに付随して行われた、良性のもので、そのまま放っておいてもよいと判断された乳腺腫瘍の治療としての乳腺摘出手術が説明、同意を欠いたままされたことについて、説明義務違反があったと認めました。

さらに、本件手術と死亡との相当因果関係については、飼い犬が手術前は普通の生活を送っていたこと、本件手術が侵襲性が高いもので、高齢犬にとっては身体的、精神的にかなりの衝撃、疲労を与えたことなどから、これを肯定しました。

損害については、飼い主３人について、１人あたり35万円、合計105万円の慰謝料、治療費相当額、弁護士費用を認めました。

《参考条文》民法709条・715条
《関係判例》（第２審）宇都宮地裁足利支部平成19年２月１日判決（ウエストロー・ジャパン）

| 判例 4 | ペットの死亡を見守る飼い主の利益が侵害されたとして、慰謝料等の請求が認められた |

東京地裁平成19年3月22日判決（裁判所HP、ウエストロー・ジャパン）

要旨

Aは、重篤な慢性腎不全で死亡の危機に瀕していた飼い犬（スコッチテリア）をB病院に連れて行ったところ、C獣医師から、4、5日で改善し、退院できる旨の説明を受け、飼い犬を入院させましたが、2日後に飼い犬は死亡しました。

裁判所は、C獣医師は治療をする意思がなかったのに、改善すると虚偽の事実を告げたのであり、診療契約が詐欺によるものとしたうえで、Aがペットの死亡を見守る利益が侵害されたとして、慰謝料等の損害賠償を認めました。

Point

① 診療契約締結にあたり詐欺が認められるか
② ペットの死亡を見守る利益は法的に保護されるか

本件は、B病院を開設しているC獣医師に対し、5人の飼い主が、それぞれのペットについて、詐欺行為や動物傷害行為などがあったとして、責任追及をした裁判です。C獣医師については、5人の飼い主に対し、それぞれ責任が認められていますが、そのうちの1人の飼い主Aについて、紹介するものです。

裁判所は、Aの飼い犬は、客観的にはB病院初診時に重篤な慢性腎不全によって、死亡の危機に瀕した状態であったのに、C獣医師は、Aに対し、おおむね、飼い犬の慢性腎不全がB動物病院での治療によって、4、5日で改善し、退院できる旨の説明をしたこと、その説明に先立ち、血液検査を実施していないことを認定しました。また、これらのことからすると、C

[判例4] ペットの死亡を見守る飼い主の利益が侵害されたとして、慰謝料等の請求が認められた

　獣医師は、本件診療契約締結の当時、飼い犬の重篤な状態に気付いていたか、または症状が重篤か否か、それに対する適切な治療は何かについて診断し、治療をする意思はなかったのに、B病院での治療によって改善するとの虚偽の事実を告げ、Aから治療費を得る意図があったと容易に推認することができると認定しました。そして、いずれにしても、C獣医師は診療契約締結に際し、Aに対し、虚偽の事実を告げ、それによってAは診療契約を締結したものであるから、C獣医師のその行為は詐欺といえ、不法行為（民法709条）に該当するとしました。

　しかし、飼い犬がもともと重篤であったことなどから、詐欺行為と死との間の因果関係を認めることは困難であるとしました。

　ですが、裁判所は、本来、飼い主は、ペットが重篤な疾病や寿命等によって死を迎えるにあたって、ペットを自宅で看取るか、動物病院で看取るかを選択し、かつ、その死亡を見守るべき立場であると認めました。そして、本件においては、C獣医師の詐欺行為によって、Aが主体的に自宅等で看取り、その死亡を見守る利益が害され、そのうえ、Aにとっては飼い犬がどのような経緯で正確にはいつ死亡したかもわからない状況とされたものであるところ、その利益も法律上保護されるべきものと考えられ、Aは、その点も主張しているものと解されるから、C獣医師は、Aに対し、不法行為に基づき、そのことにより生じた損害を賠償する責任があるとして、治療費の返還だけでなく、慰謝料30万円も認めました。

　なお、C獣医師に対しては、本件を含めた他の複数件について、詐欺行為を働き診療報酬を詐取するとともに、罹患動物に対し適切な治療行為を行わないどころか、死に至らしめたものであり、C獣医師の行為は、獣医師に課せられた倫理的または道徳的な職責に大きく反する行為であるとして、業務停止3年の行政処分がなされています。獣医療行為に関して獣医師に行政処分が下されることは珍しく、それだけC獣医師の行為が悪質であると評価されたといえるでしょう。

〖《参考条文》民法709条、獣医師法8条2項3号〗

判例5 犬の糖尿病治療で、インスリンの投与を怠った獣医師の賠償責任が認められた

東京地裁平成16年5月10日判決（判例時報1889号65頁）

> **要旨**　A夫婦が飼っている犬の具合が悪かったので、かかりつけのB動物病院で診察を受けたところ、入院させることになりました。しかし、体調が改善せず、糖尿病性ケトアシドーシスが進行したことにより、転院後に死亡してしまいました。B病院の治療にミスがあるのではないかが問題となり、裁判所は、B病院がインスリン投与を怠ったことを理由に、損害賠償請求を認めました。

> **Point**
> 犬の状態からしてインスリン療法を行わないとした動物病院の医学的判断は正しかったといえるか

　動物についても、人間と同様に、医療過誤が問題となることがあります。具体的には、獣医師や病院に対し、診療契約の債務不履行や不法行為を理由に、損害賠償請求を求めることになります。

　本件では、裁判所は、治療経過を認定したうえで、B病院の獣医師は、遅くとも入院後の診療開始の段階で、糖尿病に対する食事療法や運動療法を行うほか、本件患犬の状態を監視しながら、輸血療法およびインスリン療法を行い、重炭酸塩療法の実施を検討すべきであったというべきであると認定し、インスリンの投与を躊躇すべきような状態であったとも認められないため、同日の診療開始の段階で行うべきインスリンの投与をしなかった過失があるものと認めました。そのうえで、インスリンの投与が開始され、糖尿病・糖尿病性ケトアシドーシスに対する積極的かつきめ細やかな治療が開始されていれば、その後継続的なインスリンの投与が必要にはなるが、少なく

とも糖尿病性ケトアシドーシスの急速な進行による本件患犬の死亡は避けられたとして、過失と死の結果との因果関係を認め、不法行為の成立を認めました。

　裁判所は、治療費の損害としては、B病院における治療が全く必要のないものであったとはいえないとして、B病院での治療費のうち半額のみを損害と認め、別の病院における治療費全額を含め、飼い主1人あたり4万8105円を認めました。

　犬の死亡による逸失利益については、血統書付の犬であり、繁殖可能な年齢ではあるが、売却したり、繁殖させたりする意思はなかったと判断しました。そして、犬の交換価値の算定は困難であり、また逸失利益が発生したとは認められないとして、上記事情は慰謝料の算定において考慮するとしました。そのうえで、飼い主1人あたり、慰謝料30万円、葬儀費用5000円、弁護士費用5万円を認め、合計で、飼い主1人あたり40万3105円の損害を認めました。

　獣医療過誤事件では、患犬の状態や治療経過の認定が必要不可欠ですが、人間のカルテよりもカルテの記載が不十分であるなどの理由により、本件患犬の状態や治療経過が明らかにならないケースもみられます。訴訟の前に、証拠保全をしてカルテ等を入手し、客観的な事実関係を明らかにするだけの証拠を揃えることが重要といえます。

《参考条文》民法709条

| 判例 6 | 猫のがんを見落とした過失があるとして、慰謝料等の請求が認められた |

宇都宮地裁栃木支部平成22年10月29日判決（判例集未登載）

> **要旨**　A夫婦は、飼い猫の乳房や腹部にしこりを見つけ、B獣医師の診察を何度も受けましたが、B獣医師は触診だけで、生検による組織学的検査を行いませんでした。飼い猫のしこりは大きくなり、別の病院を受診したところ、悪性乳腺腫瘍による肺転移が疑われると診断され、その約1カ月後、飼い猫は自宅で死亡しました。
> 　裁判所は、B獣医師の検査義務違反を認め、慰謝料等を認めました。

Point
① 　検査義務違反が認められるか
② 　検査義務違反と死亡との間に相当因果関係が認められるか

　本件では、飼い猫に対する生検が実施されなかったため確定診断がなく、また死亡後の解剖も実施されていませんでしたので、死因も争いになりましたが、裁判所は、診療経過、Bが乳腺炎であると診断して投薬治療を行ったものの治療の効果がみられなかったこと、別の病院の獣医師が初診で乳腺腫瘍を疑い、その後、X線検査の結果、肺に腫瘍を発見して抗がん剤を投与していたことなどを総合すると、悪性の乳腺腫瘍にり患し、これが肺に移転するなどして死亡したものと認めました。

　そのうえで、診療経過に照らすと、A夫婦が発見したしこりは徐々に大きく成長していたうえ、B獣医師は遅くとも乳腺炎の診断をして、抗生物質の投与を続けたのに治療の効果が見られなかった時点では、悪性の乳腺腫瘍を疑い、A夫婦に対し、その確定診断のために生検を勧めるべき注意義務があったとし、B獣医師は、生検を勧めることなく、漫然と乳腺炎との

診断を維持していたから、注意義務違反の過失があったというべきであると判断しました。

　そして、過失と死亡との相当因果関係については、上記時点で生検を実施していれば、悪性の乳腺腫瘍との確定診断がなされたというべきこと、この時点では腫瘍の大きさから根治的乳腺切除術等外科的手術の適応があるといえること、その後の別病院での診察の当初は肺転移が確認されていないことなどから、死亡の結果自体は避けられなかったとしても、死亡した時点において生存していた蓋然性があるというべきであるとし、因果関係を認めました。

　また、損害については、治療費や飼い猫の葬儀費用、弁護士費用のほかに、A夫婦が飼い猫が乳がんにり患することを心配してB獣医師の病院を受診させていたにもかかわらず、十分な治療を受けることができないまま飼い猫を失ったことによる精神的苦痛に対する慰謝料として、1人あたり35万円を認めました。

　本件は、獣医師が治療行為を行ったこと、つまり作為が問題となった事案ではなく、獣医師が必要な検査を行わなかったこと、つまり不作為が問題となった事案でした。B獣医師は、飼い猫のがんを心配して何度も受診しているA夫婦に対し、必要な検査をしないまま、乳がん（悪性の乳腺腫瘍）ではないと診断をして、安心させ、最終的には、飼い猫をがんで亡くすという結果を引き起こしており、飼い主の心情を考えるといたたまれない気持ちとなる事案だといえます。

[《参考条文》民法709条　　　　　　　　　　　　　　　　]

| 判例 7 | 犬の避妊手術について、術後管理の過失と手術等の説明義務違反が認められた |

名古屋地裁平成21年10月27日判決（ウエストロー・ジャパン）

> **要旨**
>
> 　Ａ夫婦は、Ｂ獣医師の経営する病院で、飼い犬（ミニチュアダックスフンド、雌、１歳）に避妊手術を受けさせました。手術前の血液検査で高血糖が確認されましたが、Ｂ獣医師は避妊手術を行い、飼い犬は手術後約30時間経過後に、低カリウム血症で死亡しました。
> 　裁判所は、Ｂ獣医師に、手術後の管理を怠った過失と説明義務違反があるとし、慰謝料等を認めました。

Point

① 手術をしたことに過失が認められるか
② 手術後の管理に過失が認められるか
③ 説明義務違反が認められるか

　本件では、手術前の血液検査で重度の高血糖が確認されましたが、Ｂ獣医師は、興奮による一過性のものと判断し、手術を行いました。

　裁判所は、飼い犬の死亡の経過については、重度の高血糖（その原因は糖尿病の可能性が高い）であったところに、本件手術を行ったことにより、低カリウム血症となり、低カリウム血症が重度に進行して、死亡したと認められるとしました。

　そして、一般に、糖尿病の犬では、緊急に手術が必要な場合を除き、臨床症状が安定してインスリンによる血糖コントロールができるまで手術を延期する方がよいとされているものの、本件手術を行うことが明白に危険であるとまではいえないので、Ｂ獣医師に本件手術を延期すべき注意義務があったとまで認めることは困難であるとし、手術を行ったことに過失はないとし

ました。

　しかし、手術後の低カリウム血症については、カリウム剤を投与するなどしておらず、低カリウム血症に対する管理を怠った過失があるとしました。

　次に、飼い主に対する説明義務については、獣医師は、ペットの避妊手術を希望する飼い主に対し、飼い主がペットに避妊手術を受けさせるのかどうかを決定するのに必要な情報、すなわち、ペットの疾患状況、避妊手術を行う場合の危険性等について説明すべき義務があり、B獣医師は、少なくともA夫婦に対し、本件手術前に、飼い犬の血糖値が高く、麻酔下の本件手術を行うことは危険があることを説明し、本件手術を延期するかどうかについて確認を求めるべきであったとし、説明義務違反を認めました。また、手術後については、A夫婦に、飼い犬の低カリウム状態を説明したうえで、カリウム剤の投与を行わないのであれば、入院加療を行うかどうか、帰宅させる場合には注意して観察すべき事項を指摘して慎重に様子を見る必要がある旨説明し、入院の意向を確認すべきであったにもかかわらず、そのような説明をしていないため、この点についても、説明義務違反を認めました。

　裁判所は、損害については、わが子同様に愛して飼育していた飼い犬の死亡により大きな精神的苦痛を受けたとして、1人あたり20万円、合計40万円の慰謝料を認めたほか、飼い犬の財産的損害として6万円、治療費、葬儀費用、弁護士費用を認めました。

　避妊手術は緊急に行う必要のない手術ですが、飼い犬の状態によっては、本件のように、重篤な状態や死に至る危険を伴うものです。本件では、飼い犬について、糖尿病が疑われましたが、症状はなく、飼い主はその認識はありませんでした。そういった時にこそ、獣医師には、専門家としての重い責任を意識して、慎重な判断や詳細な説明をする必要があるでしょう。

【 《参考条文》民法709条 】

判例 8　獣医師の説明義務違反により、飼い主の自己決定権が侵害されたとして、慰謝料の請求が認められた

名古屋高裁金沢支部平成17年5月30日判決（判例タイムズ1217号294頁）

要旨

　Aらの飼い犬（ゴールデンレトリバー、13歳）は、左前腕部（左前足）にあった腫瘍を切除する手術を受けましたが、手術後1カ月半程度で死亡してしまいました。
　第1審は、B獣医師らの責任を否定しました。
　本判決は、手術前に生検をしなかったという治療義務違反はあるものの、犬の死期が早まったものと断定することはできないとしましたが、説明義務違反があるとし、慰謝料等を認めました。

Point

① 治療義務違反が認められ、死との因果関係が認められるか
② 説明義務違反が認められるか

　裁判所は、本件腫瘍のあった部位は左前腕部（左前足）であり、その生検材料の採取が困難な状況にあったとも、危険を伴うものであったともいえず、本件腫瘍が悪性のものであり再発すれば断脚（断肢）するしかなく、すでに後ろ足に関節症の症状のあった本件犬にとって重大な障害を残す状況にあったのであるから、B獣医師は、遅くとも手術施行前に、本件腫瘍につき悪性、良性の別の診断に必要な生検（針パンチ生検を含む）を行うべき義務があったとし、これを行わずに手術をしたという治療義務違反があったとしました。しかし、腫瘍が悪性であり、その除去を目的とする本件手術は積極的な治療法として適応があったこと、飼い犬が老齢犬であったことなどから、手術前に生検が行われなかったことにより、犬の死期が早まったものと断定することはできないとし、死との因果関係を否定しました。

[判例8] 獣医師の説明義務違反により、飼い主の自己決定権が侵害されたとして、慰謝料の請求が認められた

　そして、説明義務違反については、まず、そもそもペットは、財産権の客体というにとどまらず、飼い主の愛玩の対象となるものであるから、そのようなペットの治療契約を獣医師との間で締結する飼い主は、当該ペットにいかなる治療を受けさせるかにつき自己決定権を有するというべきであり、これを獣医師からみれば、飼い主がいかなる治療を選択するかにつき必要な情報を提供すべき義務があるというべきであること、また、その説明の範囲は、飼い主がペットに当該治療方法を受けさせるか否かにつき熟慮し、決断することを援助するに足りるものでなければならず、具体的には、当該疾患の診断（病名、病状）、実施予定の治療方法の内容、その治療に伴う危険性、他に選択可能な治療方法があればその内容と利害得失、予後などに及ぶものとしました。そして、B獣医師は、本件手術の実施に際し、本件手術に伴う危険性として、本件腫瘍が悪性である場合には、術後再発したときは断脚するしかないことについては説明しなかったのであるから、この点につきペットの治療契約上の説明義務違反があるとしました。そして、飼い主が、きちんと説明を受けていれば、手術ではなく、保存的な治療を選択することになったものと認められ、飼い犬が手術後1カ月半程度で死亡することはなかったと認めました。

　損害については、飼い主が余命少ない飼い犬に、大きな苦痛を与えることなく、平穏な死を迎えさせてやりたいと考えることもごく自然な心情であって、治療方法を選択するにあたっての飼い主の自己決定権は十分尊重に値するものということができるうえ、本件手術により飼い犬の死期が早まったものと認められるから、自己決定権を侵害され、飼い犬を早い時期に失ったことによりAらの被った精神的苦痛は慰謝に値するとして、1人あたり15万円、合計30万円の慰謝料を認めたほか、治療費および弁護士費用を認めました。

《参考条文》民法709条
《関係判例》（第1審）金沢地裁平成15年11月20日判決（判例集未登載）：獣医師に説明義務違反はないとされた

判例 9 フィラリア除去手術中の死亡について、獣医師の責任が否定され、損害賠償債務の不存在が確認された

東京地裁平成3年11月28日判決（判例タイムズ787号211頁）

要旨

Aは、飼い犬（シェパード）が犬フィラリア症に罹患していると診断されたため、B病院で飼い犬のフィラリアを除去するため、開胸手術を依頼しました。しかしながら、飼い犬は、開胸手術中に、死亡してしまい、獣医師とトラブルになりました。

B病院の獣医師は、自らに責任はないとして、何らの損害賠償債務も負わないことを確認する裁判を提起し、加えて未払いとなっていた治療費を請求しました。裁判所は、獣医師の主張を認め、飼い主に対し、治療費の支払義務を認めました。

Point

① 獣医師に過失が認められるか（損害賠償債務が認められるか）
② 飼い主側に治療費の支払義務が認められるか

本件飼い犬は、犬フィラリア症であり、B病院の血液検査の結果、血液中に無数のミクロフィラリア（フィラリアの子虫）が発見されました。そのため、心臓に寄生するフィラリアの成虫を除去する手術が必要と判断されました。血液中のミクロフィラリアの数をできる限り減少させてから手術をする方が危険が少ないため、経口薬を投与し、ミクロフィラリアの数を減らし、開胸手術になじむ時期が到来したため、手術を行いましたが、手術中に死亡してしまいました。

裁判所は、飼い犬は、主には、顕著なフィラリア症により、すなわちフィラリアの成虫の多数寄生により心臓が拡張して生じた血液循環等の循環機能不全により、副次的には、他にほとんど例を見ない先天的心拡張のため生じ

[判例9] フィラリア除去手術中の死亡について、獣医師の責任が否定され、損害賠償債務の不存在が確認された

た循環機能不全により、たまたま開胸手術中に、その心停止が生じて死亡したものと推認しました。そして、飼い犬は、B病院に来院する相当以前にこれにり患していたものであり、かつ、死因の認定が、結局、飼い犬が、開胸手術のときまでにはそのフィラリア症が究極の症状を示すまでの状態に達していたことを意味するものであるから、これらを総合すれば、飼い主が飼い犬について全くフィラリア症の予防方法をとらないで飼い犬がこれに罹患するのに任せたため、飼い犬が死亡するに至ったものであって、飼い犬の死亡は、飼い主のこのような管理の誤りに基づくものというべきであるとし、B病院には、診療債務の不履行について責めに帰すべき事由がなかったとしました。

よって、B病院は、飼い主に対し、損害賠償債務を負わず、逆に、飼い主は、B病院に対し、未払いの治療費を支払う義務を負うと認められました。

裁判は、通常は損害賠償債務を認めてもらいたい飼い主側が原告となることが多いですが、本件のように、獣医師側が原告となり、責任はないとして、損害賠償債務の不存在の確認を求める裁判を起こすこともできるのです。

[《参考条文》民法415条]

| 判例 10 | 歯石除去施術による犬の死亡について、獣医師の注意義務違反が認められた |

東京地裁平成24年12月20日判決（ウエストロー・ジャパン）

> **要旨**　飼い主Ａが、Ｂ病院において、飼い犬（チワワ）２匹の歯石除去施術を受けさせたところ、飼い犬２匹は、施術後、呼吸停止して死亡してしまいました。裁判所は、麻酔剤の投与自体には注意義務違反はないものの、麻酔剤の副作用に備えるための準備、監視、措置についての注意義務違反を認めました。

Point
① 獣医師に注意義務違反が認められるか
② 注意義務違反と死亡との間に因果関係が認められるか

　本件では、歯石除去施術を受けた４匹のうち、２匹が死亡しており、飼い主Ａは、歯石除去施術の際の麻酔剤の投与自体に何らかの注意義務違反があると争いました。これに対し、裁判所は、麻酔剤投与が適切でなかった疑いは払拭できないものの、死亡に至る傷害を発生させた原因については必ずしも明らかではなく、投与自体に何らかの注意義務違反があったと認めるに足りる証拠はないとしました。

　しかし、全身麻酔剤の投与については、使用された麻酔剤に、無呼吸、呼吸抑制、循環器系の抑制等の副作用があり得、気道確保、人工換気、酸素吸入の準備をし、異常があれば気管内挿管や適切な治療をすべきであるとされていることからすれば、獣医師は、上記準備をしたうえで、投与後、患畜を継続的に監視し、異常が現れれば気管内挿管等の適切な措置を迅速に実施する注意義務を負うものと認めるのが相当であるとしました。そして、Ｂ病院が上記準備、監視、措置を実施したものとは認められないとし、注意義務

[判例10] 歯石除去施術による犬の死亡について、獣医師の注意義務違反が認められた

違反を認めました。

　そのうえで、本件飼い犬2匹が全身麻酔剤投与後ほどなく、呼吸が停止して死亡していること、少なくとも、うち1匹については特段の既往症はなく、健康であったこと、全身麻酔剤には重篤な副作用があり得ることからすれば、本件飼い犬2匹は、本件施術の際に投与された全身麻酔剤の副作用によって死亡したものと認めました。そして、呼吸停止等に備えて、気道確保、人工換気、酸素吸入の準備をし、異常があれば気管内挿管等の適切な措置を講ずる必要があるとされていることから、事前の準備、監視をし、異常を発見次第、迅速に気管内挿管を実施するまたは治療を開始するなどしていれば、全身麻酔剤の副作用による死亡は回避できたと認められるとして、注意義務違反と死亡との間の因果関係を認め、B病院に不法行為責任を認めました。

　損害としては、1匹につき飼い主1人あたり15万円、合計60万円（飼い主2人、飼い犬2匹）の慰謝料を認めたほか、葬儀費用と弁護士費用を認めています。

　本件の飼い主と病院の間では、過去に歯石除去施術だけでも9回、その他の麻酔を伴う施術を合わせれば25回もの施術が行われていたそうです。被害にあったチワワ2匹がこれまで何回の施術を受けていたのかは不明ですが、今まで大丈夫だったから今回も大丈夫だとは言えないのが麻酔剤の副作用であり、獣医師としては絶えず万が一に備える必要があるのです。

《参考条文》民法709条

| 判例 11 | 入院中の猫が猫伝染性腹膜炎（FIP）で死亡したことについて、獣医師の賠償責任が否定された |

東京地裁平成24年6月7日判決（ウエストロー・ジャパン）

> **要旨**
> 飼い主Aが、飼い猫の具合が悪かったため、B病院に入院させたところ、入院14日目に、猫伝染性腹膜炎（FIP）によって死亡してしまいました。
> 飼い主Aは、獣医師の説明義務違反や措置義務違反などを主張しましたが、裁判所はいずれも認めず、獣医師の責任を否定しました。

Point
① 説明義務違反が認められるか
② 措置義務違反や不要検査禁止義務違反が認められるか

　本件の飼い猫は、具合が悪く、点滴を受ける必要があったことから、B病院に入院しました。入院後の検査により、猫伝染性腹膜炎（FIP）と診断され、インターフェロンとステロイドの投与などの治療を受けましたが、入院14日目に、B病院において死亡しました。

　FIPは、猫コロナウイルス（FCoV）に起因する猫の進行性で高度に致死的な全身疾患です。特効的な治療法は確立されておらず、発症した猫のほとんどすべてが死に至るとされています。

　飼い主Aは、FIPが治療法の確立していない病気であることを説明すべき義務があったと主張しました。しかし、裁判所は、獣医師は、飼い主Aに対し、FIPが治療法の確立していない病気であること、FIPで急変があり得る状態であることの説明を尽くしていたといえ、飼い主Aは、病院で診療を継続するのか、それとも、自宅に引き取るのかを選択する機会を十分に与えられていたとして、説明義務違反はないと判断しました。

[判例11] 入院中の猫が猫伝染性腹膜炎（FIP）で死亡したことについて、獣医師の賠償責任が否定された

　また、インターフェロンの使用については、FIPを完治させるための確立した治療法がなく、延命可能性を期待してインターフェロンの投与を選択することは、獣医師の裁量に基づく判断として許容され、獣医師はインターフェロンの投与についての説明を飼い主Aに行っていたとし、説明義務違反はないと判断しました。

　さらに、貧血への対処については、飼い主Aは輸血を行わなかったことが措置義務違反であると主張していました。しかし、裁判所は、輸血の前に血液の適合性を確認するためのクロスマッチテストを必ず行うことは合理的であり、獣医師はクロスマッチテストを4回実施して、飼い猫に輸血を試みようとしており、十分な措置を尽くしていたと認められ、措置義務違反も説明義務違反もないと判断しました。

　そして、B病院が行ったFIPとの診断に至るまでの諸検査やその他の検査等についても不要ではなかったとし、獣医師の賠償責任を否定しました。

　本件では、説明が行われたかどうかの事実自体が争いとなっていましたが、裁判所は、獣医師による説明があったと事実認定しています。

《参考条文》民法709条
《関係判例》東京地裁平成19年9月26日判決（ウエストロー・ジャパン）：猫がFIPで死亡した事案について、獣医師が過失を認めたため損害賠償請求が認められているが、説明義務違反については否定した

| 判例 12 | 飼い主の希望により行った輸血について、獣医師に注意義務違反が認められた |

大阪地裁平成28年5月27日判決（ウエストロー・ジャパン）

要旨

飼い主Aの飼い犬（パピオン、12歳8カ月）は腹腔内腫瘍の外科的切除手術を行い、ひ臓を全摘出し、B病院で入院治療を受けていましたが、手術から5日後に、飼い主の希望により輸血を行ったところ、輸血中に呼吸が荒くなり、輸血を中止したものの、自発呼吸の停止と再開を繰り返す状態になり、最後には、苦痛を和らげるための鎮静剤が投与され、死亡しました。

そこで、飼い主Aは、獣医師に輸血を行う際の注意義務違反があると訴え、裁判所は注意義務違反を認めました。

Point

輸血に関する注意義務違反が認められるか

本件の飼い犬は、ひ臓に巨大な腫瘍があることが確認されたため、同腫瘍の外科的切除手術が行われることになり、ひ臓の全摘出が行われました。飼い主Aは、少しでも長く自宅で過ごさせてやりたいと考え、退院させたいと希望しましたが、獣医師は退院を認めませんでした。飼い犬の貧血が改善していないと考えた飼い主Aは、輸血をして早く退院させてほしいと頼み、B病院の院長は、輸血を行うことにしました。院長は、約150mlの輸血をしましたが、輸血中に飼い犬の呼吸が荒くなったことから輸血を中止しました。輸血を中止するまでの輸血時間は約2時間45分で、平均輸血速度は1時間あたり11.85ml/kg（体重）でした。その後、飼い犬は、自発呼吸の停止と再開を繰り返す状態になり、投薬や心臓マッサージなどが行われたものの、容態は回復しませんでした。院長は、飼い主Aに対し、開胸心臓マッサー

ジを行うか尋ねましたが、飼い主Aはこれを断り、飼い犬に対し、苦痛を和らげるために鎮静剤が投与され、その後死亡しました。

　裁判所は、まず、飼い犬に胸水があり、輸血速度等について通常の輸血以上の注意深さが必要であったとしたうえで、本件飼い犬の診療経過および病状を前提とすれば、1日の最大輸血量は101.2mlであり、輸血速度は4ml/kg（体重）以下にすべきと認定しました。そして、本件飼い犬の病状から考えて通常以上に留意すべき輸血の量と速度のいずれもが通常を超える条件で行われており、そのことが循環過負荷を生じさせ、呼吸不全に陥ったものと解するのが相当であって、B病院院長による輸血は、犬の容態に適した輸血をすべき注意義務に違反するものであり、不法行為を構成するとしました。

　慰謝料については、死亡日の時点で、飼い犬が腹腔内臓器のほぼすべてをがんに冒されている状態で、予後も良くなく、いつ容態の急変が起こるかもしれない状態にあったと推測されることなどから、飼い主1人あたり10万円、合計20万円を認めました。また、弁護士費用についても、1人あたり1万円、合計2万円を認めました。

　本件の輸血は、その日のうちに犬を連れて帰りたいと、飼い主が輸血を希望して行われたものでした。しかし、裁判所は、飼い主の希望によるものであったとしても、獣医師には、犬の状態に適合した輸血をすべき注意義務があり、安全な輸血量および輸血速度で輸血を実施した場合、同日中に輸血を終えることができないのであれば、その旨を飼い主に説明すべきであったと解し、かかる事情をもって獣医師の過失を否定することはできないとしています。

【《参考条文》民法709条】

| 判例 13 | アザチオプリンの投与に注意義務違反があることは認められたが、死亡との間に因果関係がないとして、獣医師の賠償責任が否定された |

大阪地裁平成28年4月28日判決（LLI/DB判例秘書）

要旨

飼い主Aの飼い犬（柴犬）は時折発作を起こすようになり、当初は異なる病院に通院して治療をしていました。その後、B獣医師の病院に通院するようになり、免疫抑制剤であるアザチオプリンの処方を受けるようになりました。しかし、治療を続けたものの、飼い犬は死亡してしまいました。

飼い主Aは、アザチオプリンの投与に関して注意義務違反があると主張し、慰謝料等を請求しました。これに対し、裁判所は、注意義務違反はあるものの、死亡との間の因果関係が認められないとして、B獣医師の責任を否定しました。

Point

① アザチオプリンの投与に関して注意義務違反が認められるか
② 注意義務違反と死亡との間に因果関係が認められるか

アザチオプリンは、主として犬の免疫介在性疾患の治療における免疫抑制剤として使用されています。犬においては、比較的副作用は少ないとされているものの、骨髄抑制、肝機能障害などの重篤な副作用が生ずる可能性があるとされています。裁判所は、アザチオプリンの投与については、定期的なモニターにより副作用の発現を監視することを前提に、症状のコントロールの程度や患犬の状態等に応じて投与薬量を調整することが獣医学における一般的な考え方であるものと認めました。そして、B獣医師は、アザチオプリンを投与する際には、定期的な血液検査により副作用の有無を確認しながら投与量を調整すべき注意義務を負うとしました。そのうえで、B獣医師

[判例13] アザチオプリンの投与に注意義務違反があることは認められたが、死亡との間に因果関係がないとして、獣医師の賠償責任が否定された

は、アザチオプリンの投与を開始した後、約4カ月近くの間、血液検査を行って副作用の兆候がないかどうかを一度も確認することもなく、漫然と初期の投与量を維持したまま、アザチオプリンの投与を継続しており、注意義務違反があるとしました。

しかし、裁判所は、アザチオプリンの副作用として肝機能障害が生じた可能性は高いものの、飼い犬に起きていた貧血が副作用の骨髄抑制によるものであると断定することはできず、飼い犬の死因については、全身状態の悪化によって死亡したことは明らかだが、死因は不明であるとしました。そして、B獣医師がアザチオプリンの投与に際し、定期的な血液検査を行って投与量を調整すべき注意義務を履行していれば、飼い犬の全身状態の悪化を防ぐことができたといえるかどうかについては、適切に血液検査を行っていれば肝機能障害等の兆候を発見することができたかどうか明らかでなく、さらに骨髄抑制の兆候を発見できたことをうかがわせる証拠もなく、そのようにいうことはできないとしました。そのため、注意義務違反と死亡との間の因果関係が認められず、B獣医師の責任は否定されました。

ペットが亡くなった際に、解剖をして死因を明らかにすることは一般的には行われていません。獣医療過誤事件においては、死因が不明とされたり、立証ができないため、本件のように獣医師の注意義務違反が認められたとしても、死亡との因果関係が認められず、獣医師の責任が否定されてしまうことがあります。ペットを亡くしたショックですぐに火葬してしまい、後から解剖をしておけばと後悔される方もいます。

【《参考条文》民法709条 】

> **コラム** 同意書の効力

　動物病院で手術を受ける際に、「手術によって生じた事態について、病院が一切責任を負わないことに同意します」といった同意書に署名・押印をすることがあります。同意書を書いてしまった以上、手術ミスがあっても病院や獣医師の責任を追及することはできないのでしょうか。

　結論としては、同意書を書いたからといって、病院や獣医師の責任を追及できなくなるわけではありません。

　人の医療の裁判になりますが、手術の結果について一切異議を述べない旨の契約書は無効とされています（最高裁昭和43年7月16日判決（判例時報527号51頁））。

　また、消費者契約法8条により、事業者と消費者との間の契約で、事業者の債務不履行により消費者に生じた損害を賠償する事業者の責任の全部を免除する条項は無効となります。

第 **3** 章

ペットの咬みつき
等の裁判

| 判例 14 | 飼い犬が他人の飼い猫を咬み殺した場合に、慰謝料20万円の請求が認められた |

大阪地裁平成21年2月12日判決（判例時報2054号104頁）

要旨

老齢である雑種の飼い猫が飼い主と一緒に屋外にいたところ、放し飼い状態になっていた飼い犬（紀州犬）が現れ、猫の飼い主の目の前で猫を咬み殺してしまった事案について、裁判所は、犬の飼い主に対し、慰謝料20万円の支払いを命じました。

Point

① 老齢かつ雑種で市場価値のない猫についても財産的価値があるか
② 慰謝料の金額はいくらになるか
③ 過失相殺が認められるか

動物の飼い主は、動物が他人に加えた損害を賠償する責任を負います（民法718条1項本文）。本件では、飼い犬の飼い主は、飼い猫が老齢で雑種であり市場価値がないことから、飼い猫に財産的価値がなく、猫の飼い主の財産権が侵害されたことにはならないので、不法行為が成立せず、賠償の責任はないと争いました。

裁判所は、老齢である雑種の飼い猫には市場価値はないものの、愛玩動物が飼育者によって愛情をもって飼育され、単なる動産の価値以上の価値があるものとして、その飼育者（所有者）によって認識され、またそのことが社会通念として受け入れられていることから、市場価値がないからといって、ただちにその愛玩動物に財産的価値がないと結論づけることは失当であると判断しました。そして、飼い猫を死亡させた本件事故は、猫の飼い主の財産権を侵害するものであると判断し、不法行為の成立を認め、犬の飼い主が賠償責任を負うと判断しました。

賠償額については、猫の飼い主の精神的損害（慰謝料）の金額が争われました。裁判所は、飼い主が家族同然に扱い、通常の飼い猫では考えられないほどに飼い主と深い交流関係にあった猫が、飼い主の目の前で無残にも咬み殺されてしまったというものであるから、飼い主が受けた精神的衝撃は極めて深刻と判断しました。そして、事故直後に犬の飼い主が猫の飼い主に対し適切な対応をしなかったことも合わさって、本件事故によって猫の飼い主が受けた精神的苦痛は甚大であったと認め、慰謝料20万円を認定しました。慰謝料の算定にあたっては、精神的苦痛は、むしろ飼育期間に比例して増大するものとの考えも示しています。

　さらに、犬の飼い主は、猫の飼い主は飼い犬が逃走したことがあることを知っていたのであるから、猫の飼い主は、攻撃を回避するために、老齢で俊敏さを欠く飼い猫をひもでつないだり、抱きかかえたりすべきであり、落ち度があると主張しました。ですが、裁判所は、犬の飼い主については、飼い犬が放し飼い状態になってしまった以上、飼い犬の占有者として果たすべき保管についての注意義務を著しく怠っていたことが明らかなのに対し、猫の飼い主については、飼い猫は飼い犬のように外出時にひもでつないだりする習慣は一般にはないため、猫の飼い主に落ち度が仮にあったとしても、極めて軽微であるというべきであるから、過失相殺をするのは相当でないと判断しました。

　飼い主にとって、ペットは、家族同然の大切な存在であり、市場価値がないからといって財産的価値がないとはいえないこと、ペットを失った場合の飼い主の精神的苦痛は、飼育期間に比例して増大するものと考えられるという裁判所の判断は、飼い主からすればまさにそのとおりといえるものでしょう。

《参考条文》民法718条1項本文
《関係判例》（第1審）枚方簡裁平成20年6月25日判決（判例集未登載）

判例 15 ドッグラン内で犬に衝突されて負傷したが、犬の飼い主は、相当の注意を尽くしていたとして、賠償責任が否定された

東京地裁平成19年3月30日判決（判例時報1993号48頁）

要旨 ドッグラン内のフリー広場中央付近を突っ切って反対側まで行こうと飼い犬とともに小走りで直進していた飼い主Aに、飼い主Bの犬が衝突し、Aは骨折をしました。そこで、AはBに対し、動物の占有者の責任に基づき、治療費や慰謝料を請求しました。しかし、裁判所は、民法718条1項ただし書の「相当な注意」とは、通常払うべき程度の注意義務を意味し、異常な事態に対応できる程度の注意義務まで課したものではないところ、ドッグランのフリー広場中央部に人間が立ち入ることは危険な行為であり、異常な事態にあたるとし、Bは相当な注意を尽くしたとして、Bの責任を否定しました。

Point
民法718条1項ただし書の「相当な注意」とはどのようなものか

　動物の飼い主は、動物が他人に加えた損害を賠償する責任を負います（民法718条1項本文）。しかし、「相当な注意」を尽くした場合には、責任を免れます（同項ただし書）。

　この「相当な注意」は、「通常払うべき程度の注意義務を意味し、異常な事態に対処しうべき程度の注意義務まで課したものではない」と解されています（最高裁昭和37年2月1日判決（最高裁判所民事判例集16巻2号143頁））。しかし、実際には、飼い主がある程度の注意をしていたとしても、相当な注意を尽くしたと認定されることは珍しく、たとえば、犬をリードにつないでいたとしても、犬を制御することができなかったような場合には、注意義務違反が認められてきました。そのため、飼い主が相当の注意を尽くしたと認め

[判例15] ドッグラン内で犬に衝突されて負傷したが、犬の飼い主は、相当の注意を尽くしていたとして、賠償責任が否定された

られた本件は、珍しい事案となります。

本件は、公道や公園ではなく、ドッグラン内の事故であることに特徴があります。裁判所は、本件事故は、犬が引き綱から解き放たれ、自由に走り回ることが許され、現に犬が自由に走り回っているドッグラン内のフリー広場で発生したものであることから、Bが、犬の占有者として、通常払うべき注意義務は、引き綱を外すと制御が利かなくなるとか、引き綱を外す前にBの飼い犬が興奮しているなどの特段の事情がなければ、引き綱を外し、犬が自由に走り回ることができる状態におけるものであることを前提としなければならないとしました。そのうえで、Bが本件事故前から、本件ドッグランを毎週のように、本件事故までに20回ほど利用し、その間に、Bの飼い犬がBの命令を聞かずに制御ができないような事態が発生していないことから、Bは、飼い犬をドッグランの雰囲気になじませてから引き綱を外した後は、飼い犬が興奮して制御が利かないような状態が発生しないよう、または、そのような事態が発生したり、事故が発生したとき、ただちに対応することができるように、飼い犬を監視すれば足りるとしました。

そして、犬が自由に走り回っているドッグランのフリー広場中央部に、飼い主Aをはじめ人間が立ち入ることは、危険な行為であり、異常な事態にあたるから、Bは、そのような者が現れる事態を予見して、飼い犬の動向を監視し、制御すべきであったとはいえないと判断し、Bは「相当の注意」を尽くしたと認めました。

犬が自由に走り回る場であるドッグランを利用する際には、事故が起きないように、むしろ人間自身が注意をしなければならないでしょう。

《参考条文》民法718条1項ただし書
《関係判例》最高裁昭和37年2月1日判決（最高裁判所民事判例集16巻2号143頁）

第3章 ペットの咬みつき等の裁判

判例 16 犬が接触していなくても、犬が吠えかかったために自転車で転倒してケガをした場合に、飼い主に賠償責任が認められた

大阪地裁平成18年9月15日判決（交通事故民事裁判例集39巻5号1291頁）

要旨

Aが自転車でB宅前を通過しようとしたところ、Bの母が飼い犬（体長1mほどの猟犬）を連れてB宅から出てきて、飼い犬がBの母を引きずりながら、Aに飛びかかるような様子で近づいて吠えかかりました。飼い犬は、Aや自転車に接触はしませんでしたが、驚いたAは、犬を避けようとハンドルを切り、木や壁に接触し、最後は転倒してしまい、左母趾末節骨骨折等のケガを負いました。裁判所は、Bの母の注意義務違反（過失）を認め、Aが転倒して被った損害について、飼い主であるBが責任を負うと判断しました。

Point

1 飼い主の過失の内容はどのようなものか
2 接触していなくても、転倒による損害について責任を負うのか
（相当因果関係の有無）
3 具体的に賠償しなければならない損害額はいくらか

動物の飼い主は、動物が他人に加えた損害を賠償する責任を負います（民法718条1項本文）。しかし、「相当な注意」を尽くした場合には、責任を免れます（同項ただし書）。

裁判所は、Bの母がB宅前に人や自転車が通りかかっていないかどうか確認しないまま飼い犬を連れてB宅を出て、飼い犬がAに飛びかかるような様子で近づいて吠えかかるのを許した行為は相当な注意を尽くしたとはいえず、過失（注意義務違反）があるとしました。

そして、飼い犬がAや自転車に接触していなくても、転倒によって被っ

[判例16] 犬が接触していなくても、犬が吠えかかったために自転車で転倒してケガをした場合に、飼い主に賠償責任が認められた

た損害について責任を負うのかどうかについては、加害者が賠償しなくてはならない損害は、社会的にみて加害行為と相当の範囲にあるもの（相当因果関係があるもの）に限られることから（民法416条）、本件では、Bの過失とAが転倒して被った損害との間に、相当因果関係があるかどうかが問題となりました。裁判所は、B宅から出た飼い犬が、B宅前を通行する人や自転車に対して向かっていった場合、同人らが驚いて転倒することは容易に想像できる事態なので、飼い犬がAやAが乗る自転車に接触していなかったとしても、Aが転倒して被った損害はBの過失と相当因果関係にある損害と認められ、Bは責任を負うとしました。

そして、Bが賠償すべき損害として、Aの治療費1万3859円、通院交通費1万6260円、休業損害108万円、傷害慰謝料44万円、後遺障害逸失利益110万6161円、後遺障害慰謝料110万円、弁護士費用35万円の合計410万6280円を認め、すでにBがAに対して支払っていた7万9280円を差し引いた402万7000円の支払いを命じました。

飼い主は、飼い犬が人と接触していなくても、犬が吠えかかったことにより起きた事故の責任を負わなくてはならず、飼い主の責任の重さがよくわかる裁判例といえます。

[《参考条文》民法416条・718条1項]

第3章 ペットの咬みつき等の裁判

判例 17 犬同士の喧嘩を止めようとして犬に咬まれたが、被害者側にも過失があるとして過失相殺された

東京地裁平成18年11月27日判決（判例時報1977号106頁）

> **要旨** 飼い主ABCが、空き地でそれぞれの飼い犬を一緒に遊ばせていたところ、後から現れた飼い主Dの飼い犬D´にAが咬まれてしまいました。裁判所は、Dの責任を認めましたが、被害者であるAの側にも、リードを放して遊ばせていたという注意義務違反があるとして、Aの過失6割、Dの過失4割の過失相殺を認めました。

Point
被害者側に過失が認められ、過失相殺が認められるか

　動物の飼い主に損害賠償責任（民法718条1項本文）が認められた場合でも、被害者側に過失があれば、損害賠償額が被害者側の過失割合に従って減額されることがあります（民法722条2項）。これを過失相殺といいます。

　本事案では、空き地で、A、B、Cがそれぞれの飼い犬を一緒に遊ばせていましたが、いずれもリードを放して遊ばせていました。そこに、Dがその飼い犬D´を連れて空き地に入って来ました。Bの飼い犬B´がD´に吠えつき、絡み合いが始まり、BがB´を抱きかかえようとしたところ、DがD´のリードを放してしまい、Bを咬み、さらに駆け寄ったAがD´のリードを足で踏んでD´の行動を制御しようとしましたが、リードが足に絡み、D´に左下腿を咬まれてしまいました。

　裁判所は、AがD´に咬まれたのは、Dがリードを放したことが本件事故の直接的な原因と判断し、Dの責任を認めました。しかし、リードを放して遊ばせたことは犬を飼う者としての注意義務に反するというべきであるとして、BおよびCとともに飼い犬のリードを放して一緒に遊ばせていたA

[判例17] 犬同士の喧嘩を止めようとして犬に咬まれたが、被害者側にも過失があるとして過失相殺された

にも注意義務違反があるとしました。そのうえで、Aの過失の程度は大きいとして、A6割、D4割の過失相殺を認めました。

そのため、裁判所は、損害として、Aの治療費3万4483円、通院交通費1480円、着用していたジーンズの損害3625円、通院慰謝料25万円、後遺障害慰謝料15万円の合計43万6018円を認めましたが、過失相殺の結果、DがAに対し賠償すべき金額はその4割である17万4407円と認定しました。なお、これに加えて、弁護士費用2万円も認められています。

飼い主には、飼い犬にリードを付ける注意義務があります。それをわかっていながら、リードを放した飼い犬と自分の飼い犬とを一緒に遊ばせていたAにも過失が認められた結果となりました。自分の犬だけではなく、一緒に遊んでいる犬についても注意義務を果たさなくてはならないという、犬の飼い主にとっては重い責任を認める判断となっています。

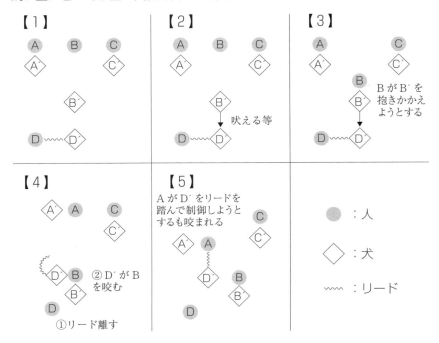

[《参考条文》民法416条・718条1項・722条]

| 判例 18 | 手をすり抜けた犬が散歩中の犬を咬み殺してしまった場合に、加害犬の飼い主に賠償責任が認められた |

名古屋地裁平成18年3月15日判決（判例時報1935号109頁）

> **要旨** 散歩中の飼い主Aの犬A′が、飼い主Bの手をかいくぐってB宅から外に飛び出してきた犬B′に襲われ、犬A′は死亡し、止めに入ったAは転倒してケガをしました。Bの責任が認められました。

Point
① 民法718条1項ただし書の「相当な注意」を果たしたといえるか
② 亡くなった犬の賠償額はどのように算定するか

　動物の飼い主は、動物が他人に加えた損害を賠償する責任を負います（民法718条1項本文）。しかし、「相当な注意」を尽くした場合には、責任を免れます（同項ただし書）。

　この「相当な注意」は、「通常払うべき程度の注意義務を意味し、異常な事態に対処しうべき程度の注意義務まで課したものではない」と解されています（最高裁昭和37年2月1日判決（最高裁判所民事判例集16巻2号143頁））。しかし、実際には、飼い主がある程度の注意をしていたとしても、相当な注意を尽くしたと認定されることは極めてまれといえます。

　本件では、Bは、B′を昼間は鎖でつないでいましたが、夜間は自宅の敷地内で放し飼いにしていました。本件事故は、BがB′を鎖につなごうとしたところ、B′がBの隙を見て、Bの手をかいくぐり、自宅の正門横のくぐり戸から外へ逃げ出してしまい起きたものでした。裁判所は、Bのような高齢の女性が、B′のような飼い犬を鎖につなごうとする際、飼い犬がその手をくぐり抜けるような事態が発生することは予測可能な範囲内にあり、自宅の敷地の外に出たB′が、他人の飼い犬や人に危害を加えることは起こり

[判例18] 手をすり抜けた犬が散歩中の犬を咬み殺してしまった場合に、加害犬の飼い主に賠償責任が認められた

得る出来事であるから、飼い犬が飼い主の手をくぐり抜けるような事態が発生しても、B´が自宅敷地内から外に出ないように、注意を払わなければならなかったとし、相当の注意をもってB´を管理したとはいえないと判断しました。

そして、Bが賠償すべき金額としては、A´の価格5万円、A´の診療代金1万4900円、死亡診断書作成費用8000円、A´の火葬代金1万7850円、飼い主Aの治療費1万9100円、飼い主Aを含む飼い主3名の慰謝料50万円（Aは30万円、その他2名は各人10万円）、弁護士費用6万円を認めました。

A´の価値については、飼い主Aらは、幼犬の時から飼育してきた愛玩犬は飼い主にとって幼犬時代の流通価値以上の価値を持つと主張して、購入価格である15万3157円を請求していましたが、裁判所は、この主張を認めず、購入から約5年6カ月後に死亡しているA´の死亡時の価格は、購入金額の約3分の1と認定しました。そして、飼い主Aらの主張については、そのような事情は慰謝料の判断要素とするのが相当と判断しました。

飼い主は、あらかじめ、犬が手をくぐり抜けるような事態も予測したうえで、犬が逃げ出さないようにくぐり戸を閉めておくなど、必要な注意を払わなくてなりません。このように、飼い主が負う注意義務は軽いものではないことがよくわかります。

また、飼い主としては、長年いっしょにいればいるほど、ペットへの愛情が深まるものですが、愛情の深さは被害に遭ったペットの財産的価値には反映されません。そのかわり、裁判所は、飼い主の慰謝料を算定する際に、ペットと飼い主との関係性を慰謝料の金額を増加する方向の判断要素として斟酌しています。

[《参考条文》民法718条1項ただし書]

判例 19
シェパードが突進して接触したことでチワワがショック死したとして、シェパードの飼い主に賠償責任が認められた

大阪地裁平成27年2月6日判決（LLI/DB 判例秘書）

要旨 散歩中のチワワに、逃げ出してきたシェパードが突進して接触したため、チワワが死亡したとして、シェパードの飼い主の責任が認められました。

Point
① チワワにシェパードが突進して接触したのか
② 咬んでいない場合でも飼い主に責任が認められるか

本件では、チワワの飼い主Bは、逃げ出したシェパードがチワワに接触をしたと主張していましたが、シェパードの飼い主Aは、シェパードは逃げ出しておらず、チワワと遭遇したことが立証されていないとして争いました。

本件は、シェパードがチワワを咬んだわけではありませんので、外傷のない事案です。また、Aがその場におらず、事故の状況を知るのは被害者側であるBだけという事案でした。

このような場合には、裁判所は、供述の信用性を吟味し、供述を含むさまざまな証拠から、事実を認定することになります。

裁判所は、チワワの死因が急激な興奮による心不全であること、本件事故後、シェパードの首輪にかかっているスナップと鎖部分をつなぐリングキャッチのねじが外れていたことなどから、①事故が起きたとされる時間に、シェパードの鎖が外れた状態であったと推認され、シェパードは路上に出ることが可能であったこと、②Bは、チワワをシェパードが飼われていたAの店舗前で散歩をさせた直後、獣医師の診察によりチワワの死亡を確認すると、

[判例19] シェパードが突進して接触したことでチワワがショック死したとして、シェパードの飼い主に賠償責任が認められた

店舗を訪れてAの責任を追及しており、Bの行動が飼い犬が死亡した場合の飼い主の行動として合理的であること、③チワワはAの店舗付近の散歩の直後に急激な興奮による心不全により死亡しており、死亡直前に大きなショックを受けたと推認できること、④チワワは15歳であり、高齢と考えられ、大きなショックにより死亡することも考えらえること、⑤両犬に著しい体格差があったため、チワワにとって、シェパードが突進してくることは脅威であると考えられることから、チワワにシェパードが突進し接触したことでチワワがけいれんし、心不全により死亡したと認定しました。

そして、事故の数日前にもシェパードが逃げ出したことがあったにもかかわらず、事故日も逃げ出せる状態にあったことから、Aの管理が不十分であったとして、飼い主の責任を認めました。

損害額については、葬儀費用2万3700円、法律相談費用2万5000円、慰謝料18万円の合計22万8700円が認められましたが、チワワの購入価格は慰謝料の判断要素とされたにすぎず、損害としては認められませんでした。

飼い主としては、飼い犬が人や犬に咬みつくことに注意はしていても、突進して傷付けてしまったり、殺してしまったりすることまでは想定していないのではないかと思います。しかし、本件のように、小型犬と大型犬という体格差によっては、思いもかけない不幸な結果を招くこともあるのです。本件では、そもそもシェパードが逃げ出しているという管理の不十分さが飼い主の責任を認めるうえで、重要なポイントになったと考えられます。

《参考条文》民法718条1項

| 判例 20 | 飼い犬が小学5年生に咬みついてケガをさせた事案について、被害者に5割の過失割合が認められた |

広島高裁松江支部平成15年10月24日判決（裁判所HP）

要旨　飼い主Aは、自己が経営する理容院にある車庫で、紐に繋いで、雑種の中型犬A´を飼っていました。小学5年生のBは、学校帰りにA宅の車庫に立ち寄り、A´に触れ、さらに近づいたところ鼻部付近を咬みつかれ、上口唇部挫創（犬咬傷）、鼻部擦過創の傷害を負いました。飼い主は相当な注意を果たしていたと争いました。裁判所は、Aに損害賠償責任を認めましたが、不用意にA´に近づいたBに5割の過失を認め、過失相殺をしました。

Point
① 民法718条1項ただし書の「相当な注意」を果たしたといえるか
② 過失相殺は認められるか

　動物の飼い主は、動物が他人に加えた損害を賠償する責任を負います（民法718条1項本文）。しかし、「相当な注意」を尽くした場合には、責任を免れます（同項ただし書）。

　この「相当な注意」は、「通常払うべき程度の注意義務を意味し、異常な事態に対処しうべき程度の注意義務まで課したものではない」と解されています（最高裁昭和37年2月1日判決（最高裁判所民事判例集16巻2号143頁））。しかし、実際には、飼い主がある程度の注意をしていたとしても、相当な注意を尽くしたと認定されることは極めてまれといえます。

　本件では、飼い主は、相当な注意を尽くしたと主張しました。しかし、裁判所は、まず、A´が以前に人にケガをさせたことが2件あること、そのうち1件は本件と同様に児童が近づいて手を出したところ咬まれた事案であっ

[判例20] 飼い犬が小学5年生に咬みついてケガをさせた事案について、被害者に5割の過失割合が認められた

たこと、A´は外部との境となるシャッターから約43cmの地点まで出ることができるので人はシャッター付近から容易に触ることができること、車庫と公道の間はAの所有地であるといっても、その間には何ら遮蔽はなく、人は自由に車庫付近に近づくことができること、公道付近は児童の通学路であり多くの児童が通行していることなどを認定しました。そして、Aとしては公道との間の私有地部分を通って第三者、特に年少者が車庫に近づき、A´に手を出すことは十分予見できたといえるところ、A´は以前に人を咬んでいることからすれば、飼育するに際しては、単にA´を車庫内から出ないようにするだけでは足りず、従前起きた事故が再発しないように、つまり人、特に公道を通学路として使用している小学校の児童等が容易にAに近づき咬まれることがないように、遮蔽を施したり、紐をさらに短くする等の措置を講ずることが必要であるとしました。そして、Aは、敷地内でA´を飼い、車庫の外側に「犬にさわらないで下さい」と記載した看板を設置して注意喚起をしていましたが、それだけでは足りず、人がA´に近づかないような措置まで講ずる必要があるとし、相当な注意を尽くしたといえないと判断しました。

しかし、裁判所は、Bは、車庫前の柱の看板を注視し、その内容を理解できたといえるし、A´が人を咬む犬だと認識していたのであるから、不用意にA´に近づいて手を差し出したことが本件事故を招いた一因であったといえるとし、Bの過失割合は5割としました。

そのため、傷害慰謝料20万円、後遺障害慰謝料60万円が認められましたが、過失相殺により、請求としては慰謝料合計40万円が認められました。

《参考条文》民法718条1項・722条
《関係判例》（第1審）松江地裁浜田支部平成15年2月17日判決（判例集未登載）：飼い主の責任を認め、過失相殺も5割としたが、傷害慰謝料は15万円、後遺障害慰謝料は0円と認定した

判例 21 放し飼いの犬に咬みつかれて負傷した被害者について、心的外傷後ストレス障害（PTSD）が認められた

名古屋地裁平成14年9月11日判決（判例タイムズ1150号225頁）

要旨

Aは、散歩中に、3人の飼い主BCDの飼い犬に突然背後から左ふくらはぎを咬みつかれ、左膝内障等の障害を負いました。また、本件事故以降、抑うつ状態が続き気力が低下している、情緒不安定となる、犬を見るとパニック状態に陥り過呼吸を起こすなどの症状を示すようになりました。裁判所は、本件事故によりAが心的外傷後ストレス障害（PTSD）になったことを認め、逸失利益など合計789万円の損害賠償を認めました。

Point

① PTSDを発症していると認められるか
② 損害額はいくらか

本件では、飼い主BCDは、自宅建物内および裏庭で飼い犬を放し飼いにしていたうえ、車庫に通じる通路を遮断していたトタン板が事故当時は外れていて、飼い犬が自由に道路に出入りできる状態にありました。また、本件飼い犬は、約3年前にも人を咬んで被害を与えたことがありました。そのため、BC夫婦およびその長男Dの全員が、本件飼い犬の共同占有者として責任を負うとされました。

そして、本件事故によりAがPTSDを発症したかどうかについては、裁判所は、まず、Aが本件事故で体験した外傷的出来事については、散歩中に犬に背後から突然左ふくらはぎを咬みつかれ、咬まれた瞬間に感電したような痛みを感じた、自宅に帰った後、足の痛みが増しパニックに陥り救急車で病院に運ばれ、その後1週間半くらいは足が急激に腫れて痛みで動けなか

ったというものであるとしました。そして、Aが本件事故以降、外出中に犬を見かけると身動きがとれなくなる、抑うつ状態が続き気力が低下している、情緒不安定となり人に注意される程度で駅で泣き出すこともある、犬を見るとパニック状態に陥り過呼吸を起こす、左膝の痛みをきっかけに事件を思い出して犬に襲われる夢にうなされる、夜なかなか眠れない、外出中は小さい犬でも避けて通るようになる、誰かが襲ってくるのではないかという強迫観念に駆られるなど、かなり重度の精神障害の症状を呈していることから、本件事故の発生とその後のAの症状は、「強度の外傷的出来事に遭遇したことを原因として再体験症状、回避・麻痺症状、覚せい亢進症状等が現れることを特徴とする精神障害」とのPTSDの一般的な定義とも矛盾しないとしました。

そして、裁判所は、Aの本件事故における体験は、A自身にとっては「危うく死ぬ、または重傷を負うような出来事」に直面したものと評価しうるものであり、「強い恐怖、無力感または戦慄」を覚えるものであったと認めうるものであるから、結論的には、Aの症状は、本件事故によるPTSDであると認めて差し支えないものと判断しました。

また、Aの損害額については、治療費5万3735円、慰謝料150万円、弁護士費用75万円を認めました。さらに、AがPTSDによって労働能力の少なくとも56％を喪失したものとし、30カ月分の労働能力喪失による逸失利益を948万4160円と算出したうえで、PTSDはAの性格などの心因的要素が少なからず競合して発症したものと推認できるとして40％を減額し、最終的には569万0496円の逸失利益を認めました。

飼い犬は、飼い主にとっては大切な家族の一員であり、愛すべき存在ですが、咬みつかれた被害者にとっては、恐怖の対象となってしまうこともあるのです。

[《参考条文》民法709条・710条・718条1項]

判例 22 公園で飼い犬が人に衝突し負傷させたことについて、約1900万円の損害賠償責任が認められた

東京地裁平成14年2月15日判決（D1-Law 判例体系）

要旨

飼い主Aがゴールデンレトリーバーの成犬A′（約30kg）と幼犬を公園で遊ばせていたところ、Aの投げたテニスボールを追いかけていたA′が、公園内を夫と散歩していたBの右下肢に衝突し、Bは転倒して、顔面、胸背部、四肢外傷および顔面骨骨折、脛骨高原骨折等の傷害を負い、130日間入院し、後遺障害（併合で後遺障害等級10級）も残ってしまいました。

Aは、A′はBにぶつかっていないと争いましたが、裁判所は、ぶつかったと認定し、Aに損害賠償責任を認めました。

Point

① 犬は人にぶつかったのか
② 損害額はいくらか

本件では、飼い主Aは、A′はBにぶつかっていないとして、争いました。

まず、裁判所は、Bの負った傷害について、Bが、両足を高く上げて体が宙に浮いた状態から転倒して顔面を強打した結果、顔面、胸背部、四肢外傷及び顔面骨骨折、脛骨高原骨折等の重大な傷害を負ったこと、「瞬時に下肢（特に軸足）に強い外力を受け防禦反射ができない速度で顔面も殴打したと推定される」旨の医師の意見書が存在することから、Bは、その右足に強い外力が加わって足をすくわれた状態になって転倒したことを認定しました。

そして、A′がぶつかったどうかについては、ぶつかっていないとするAの供述、ぶつかったとするBの供述、目撃者の証言をもとに、事実を認定

しました。まず、A′がAの投げたテニスボールを追って、Bの側を駆け抜けていったこと自体は、いずれの証言および供述も合致していたため、事実と認められました。そして、Bが転倒した当時、他の犬はBの周りにおらず、他にBが激しく転倒する原因となる事情も認められないとしました。

そして、Bの供述とその夫の証言については、Bの受傷状況に合致し、十分信用できるとし、他方、Aの供述やその他の目撃者の証言については、転倒を始めた時点の状況を目撃しておらず、採用することはできないとし、Aの投げたテニスボールを追いかけていたA′がBの右下肢に衝突したことにより転倒したと認めました。なお、Aについては、当初はA′が原因と考えた上で対応していたが、Bからの請求額が予想以上に大きくなりそうなことを危惧し、本件事故の状況そのものについて見ていなかったこともあって、A′が原因ではないという態度を取るようになったものと推測されるとしました。

損害額については、入院治療費約602万円、入院雑費約16万円、付添看護費39万円、付添交通費約14万円、通院治療費約70万円、通院交通費約2万円、通院付添費約3万円、通院付添交通費約2万円、リハビリ用品代約4万円、休業損害約149万円、入通院慰謝料200万円、逸失利益約373万円、後遺症慰謝料510万円、弁護士費用150万円の合計約2139万円を認めました。しかし、保険から約235万円が塡補されていましたので、この金額を差し引いた約1903万円の請求が認められました。

飼い犬が人を咬まなくても、衝突することで、このように重大な傷害を招いてしまうこともあるのです。特に、公園のように、不特定多数の人が行き来する場所では、注意が必要です。

《参考条文》民法718条1項

判例 23 犬に襲われ、転倒した人が亡くなり、5000万円超の損害賠償請求が認められた

甲府地裁平成26年3月6日判決（LLI/DB 判例秘書）

要旨

飼い主Aの飼い犬A′（中型犬）がB（女性、56歳）を襲い、Bは転倒して頭部を強打し、急性硬膜外血腫および脳挫傷の傷害を負い、その結果、約1カ月後に死亡しました。

Point

① 民法718条1項ただし書の「相当な注意」を果たしたといえるか
② 損害額はいくらか

　A′は、過去に、Aの妻が散歩をさせていた際に、Bが連れていた小型犬とBの指に咬みついたことがあり、また、係留のための鎖をつないであった杭を引き抜いて逃げ出し、Bのでん部に咬みついたことがありました。

　Aは、当初は、A′を地中に埋めた鉄製の杭に鎖をつないで係留していましたが、A′が杭を引き抜いて逃げ出し、Bに咬みついた後は、鎖を容易に動かせない角材につないでいました。その後、Aは、A′の係留中の行動範囲を広げるため、鎖にリードを継ぎ足し、A′の首輪をつないでいました。リードは、本件事故の2〜5年前に購入し、他の飼い犬を係留するために使用していましたが、その飼い犬がリードに咬みつくなどし、リードの表面の布が破れ、芯の3本のヒモのうち1本が破断した状態となったことから、Aは白色繊維ロープやビニールテープ等で2、3度補強していました。なお、リードに巻き付けたビニールテープの上には、犬が咬んだ跡がありました。

　裁判所は、本件リードが上記の状態であり、強度が低下していたところ、中型犬には大人1人が乗車した自動車を引っ張るくらいの瞬発的な力があり、A′が過去に係留した鎖をつないであった鉄製の杭を引き抜いて逃げ出すと

いう前歴があったことを考慮すると、本件リードは、A´が係留を嫌い、逃げ出そうとして、強い衝撃を与えたことにより切断したものとみるのが相当であるとしました。

そして、裁判所は、Aは、本件リードが劣化していることを知っていたこと、A´が鉄製の杭を抜いて過去に逃げ出したことがあったことを知っていたこと、しかも、そろそろ交換しなければと考えて新しいリードを2本購入していながらこれを使用していなかったこと、本件リードの注意書には、係留には本件リードではなく鎖を用いるべきこと、劣化したリードは早めに取り替えるべきことが記載されていましたが、Aはこれを読んでいなかったことを認めました。そのうえで、犬の飼育では、おりに入れるのが正しい方法であるが、係留する場合でも、抜けない首輪と切れない鎖で係留しなければならないのであって、散歩用のリードで係留することは誤りであること、Aはこのような知識を容易に取得できたはずであるのに、リードの注意書を読まなかったことなどから、これを知らなかったこと、Aは本件リードが劣化していることを知り、A´が係留を嫌って、リードを強く引っ張る可能性を十分に認識し得たにもかかわらず、十分な対応をしていなかったものであると認め、Aは相当の注意をもってその管理をしたとは到底いえないと判断しました。

損害額については、治療関係費約9万円、付添関係費約22万円、休業損害約31万円、逸失利益約2274万円、入院慰謝料53万円、死亡慰謝料2500万円、遺族固有の慰謝料200万円（夫100万円、子50万円ずつ）、弁護士費用493万円を認め、既払金151万円を差し引いた約5433万円の請求が認められました。

飼い犬が人を襲うことで、不幸にも、被害者が亡くなることもあります。飼い主が飼い犬を適切に管理することの必要性を痛感する事件です。

[《参考条文》民法718条1項]

第3章　ペットの咬みつき等の裁判

| 判例 24 | 飼い犬が吠えて老婆が転倒して負傷した事故について、飼い主に損害賠償責任が認められた |

横浜地裁平成13年1月23日判決（判例時報1739号83頁）

要旨
　Aが飼い犬（ラブラドールレトリバー）にリードを付けて散歩に連れ出したところ、飼い犬がBに吠えかかり、驚いたBはその場で転倒し、左下腿骨骨折のケガを負いました。飼い主は、犬が単に1回吠えただけで、通常人であれば転倒も受傷もしないとして争いましたが、裁判所は、Aの責任を認め、Bからの損害賠償請求を認めました。

Point
① 犬が吠えたことと、Bの受傷との間に相当因果関係があるか
② 犬の保管に過失があるか
③ Bの身体的特徴が損害を増大させたといえるか

　Bは、外気を吸うため、自宅前道路角で、右手に杖を持ち、左手で道路上のミラーポールをつかみたたずんでいました。Aが飼い犬（ラブラドールレトリバー）にリードを付けて散歩に連れ出し、B自宅前方道路にさしかかったところ、突然、犬がBに向かって吠えかかり、Bは驚愕のあまり身体の安定を失って、その場で転倒し、左下腿骨を骨折しました。
　Aは、飼い犬が単に1回吠えただけにすぎず、Bに有形力を加えたとか、飛びかかった事実はなく、通常人であれば、決して転倒・受傷することはなかったのであるから、犬の行為とBの受傷との間には相当因果関係はないと争いました。しかし、裁判所は、犬がBに向かって吠えたことは一種の有形力の行使であるといわざるを得ず、犬の吠え声により、驚愕し、転倒することは、通常あり得ないわけではないとし、犬が吠えたこととBの転倒、ひいてはBの受傷との間には、相当因果関係があると判断しました。

また、Ａは、飼い犬に綱と首輪をきちんと装着して散歩をしていたので、保管上の過失はないと争いました。しかし、裁判所は、犬を散歩に連れ出す場合には、飼い主は、公道を歩行し、あるいは、立ち止まっている人に対し、犬がみだりに吠えることのないように、飼い犬を調教すべき義務を負っているとし、飼い犬がＢに対して吠えたことはこの義務に違反するため、Ａの犬の保管には過失があると判断しました。そして、県の動物保護管理条例では散歩中に犬が吠えることを禁止していないというＡの主張については、過失の有無の判断は、県の動物保管管理条例に拘束されないとして、退けました。

　そして、裁判所は、Ｂの損害として、治療費や交通費等のほかに、付添看護料36万円、休業損害296万円、慰謝料170万円などの合計525万1060円を認めました。

　しかし、裁判所は、Ｂが先天的股関節脱臼により、左足が右足より短いため、立ち止まっている場合の安定感が損なわれており、犬が吠えたことにより、驚愕して、左手をミラーポールから離したため、右手に持っていた杖だけでは身体の安定を保つことができず、転倒し、本件受傷に至ったものであることから、Ｂは先天的股関節脱臼という疾病に基づく身体的特徴により、Ｂの損害を拡大させたということができると認定しました。そのため、裁判所は、損害の公平な分担のため、民法722条2項（過失相殺）を類推適用して、原告の損害額の2割を減額するのが相当と判断し、525万円1060円の8割である420万0848円と弁護士費用40万円の合計460万0848円を損害額としました。

　犬が吠えただけでも、飼い主には法的責任が認められることがあり、飼い主の保管上の責任の重さがよくわかる裁判例だといえます。

《参考条文》民法718条・722条2項

第3章　ペットの咬みつき等の裁判

| 判例 25 | 飼い犬が訪問客に咬みついた事案について、飼い主に重過失致傷罪が認められた |

福岡高裁昭和60年2月28日判決（高等裁判所刑事裁判速報集昭和60年334頁）

　　Aは訪問先と間違えてB宅を訪れましたが、声をかけても応答がなかったので家人がいるかと思い犬がいることを知らずに裏庭に回ったところ、Bの飼い犬がいきなり飛びかかり、右腕に咬みついて加療約5カ月の傷害を負いました。裁判所は、Bに重過失を認め、重過失致傷罪の成立を認めました。

Point
重過失致傷罪が成立するか

　Bは、雄の秋田犬（背の高さ55cm、当時5歳）を飼育するにあたって、自宅裏庭の柿の木の地上1.1mの高さのところと、同所から18.8m離れた枇杷の木の1.5mの高さのところとの間に8番線の針金を張り、その番線に鉄製リングを通し、同リングに犬の首輪をつないだ鎖の先端を針金で巻き付けて番線伝いに犬を移動させる方法で係留していました。この裏庭は、道路入り口から入った前庭との間に門扉障壁はなく、訪問者が回って入りやすい場所であり、過去に2回、係留中の犬が裏庭に訪れた人に咬みつきけがをさせたことがありました。

　裁判所は、Bは、訪問者が容易に裏庭に立ち入れないようにするか、見やすい場所に「裏庭に危険な犬がいるので注意」する旨を記載した張り紙をしたり、立札を立てるなどして、自宅を訪れて裏庭に赴こうとする訪問者に対して犬の存在を知らしめ、犬の存在を知らない訪問者が不用意に裏に回り犬から危害を加えられることがないようにすべき注意義務があるのに、これを怠ったとしました。そして、Bは、1回目の咬傷事故後、犬の首輪につ

なぐ鎖の長さを3.8mから1.9mに縮めたのみで、それ以上に立札を立てるなどの危険防止の措置を講じなった重大な過失があるとしました。

　なお、裁判所は、県条例にある「犬」マークの表示を勝手口にはってあったとしても、「猛犬注意」の立札に代わり得るものではないと判断しています。

　このように、犬を飼っている家を訪れる者が必ずしも犬がいることを知っているわけではありません。裁判所は、最小限「猛犬注意」の立札さえあれば、被害者の裏庭への進入を思いとどまらせ、本件事故の発生を防ぎ得たかもしれないと判断するだけでなく、その場合に、それでもなお事故が発生したとしても、飼い主の過失責任は免れたであろうとしています。このように、容易に結果回避措置をとることができたにもかかわらず、これを怠ったがゆえに、重大な過失が認められたということができます。

［《参考条文》刑法211条後段　　　　　　　　　　　　　　　　　　　　　］

| 判例 26 | 土佐犬が幼児に咬みついた事故について、飼い主に重過失致傷罪が認められた |

東京高裁平成12年6月13日判決

（東京高等裁判所判決時報刑事51巻1～12号76頁）

土佐犬Aが犬舎から逃走して幼児に咬みつきケガを負わせたことについて、飼い主は土佐犬が逃走して人を攻撃するとの具体的認識はなかったと争いましたが、裁判所は、重過失傷害罪の成立を認めました。

Point
重大過失致傷罪が成立するか

　この飼い主は、自宅庭先に犬舎を設けて土佐犬を数頭飼育していました。
　事件当日は、土佐犬Aが犬舎の分室中央部の金網フェンスを破損、さらに施錠のされていない出入口から逃走して、B方の庭まで赴き、庭にいた幼児（当時3歳）に咬みついて、全治約1カ月を要する頭部陥没骨折、顔面・頭皮裂傷等の傷害を負わせました。
　第1審（地方裁判所）は、土佐犬は強い体力と攻撃的な性格を備えた闘犬であり、また、飼い主が飼育する土佐犬がかつて北側犬舎の金網フェンスを破損したこともあったのであるから、堅固な犬舎設備を設置して適宜その修理・補強を行うとともに、犬舎から庭先への出入口扉の施錠を確実に行うなどして、その飼育する土佐犬が犬舎から外部に逃走して他の人畜等へ危害を及ぼすことを未然に防止すべき注意義務があるのに、これを怠り、A（生後約4年、雄、体長約80cm、体高約95cm、体重約44kg）を飼育していた北側犬舎中央の分室の出入口扉下部の金網フェンスを修理・補強することなく、漫然放置したうえ、他の土佐犬を散歩に連れ出した際、庭先に通じる犬舎の

西側出入口扉を施錠しなかったという重大な過失があるとして、重過失致傷罪の成立を認めました。

しかし、飼い主は、控訴して、Aが自らに危害を加えようとはしない人間に対して攻撃的性格を有していることを裏付ける証拠はなく、飼い主もこのような性格を事前に承知していなかったこと、過去に土佐犬が犬舎のフェンスを破損した事実はないから、本件のような破損による逃走が起こる具体的危険性を飼い主は認識していなかったとして、無罪を争いました。

これに対し、本判決（高等裁判所）は、土佐犬は、雌雄を問わず、人間に対して攻撃を加える一般的危険性を備えているうえに、過去に飼い主がAを犬舎に入れようとした際に逃げ出し、近所の家の庭に駆け込んで、同家の小型犬に咬みつき死亡させたことがあることなどから、飼い主が土佐犬のこのような攻撃的性格を認識していたことを認めました。

また、過去に別の土佐犬が金網フェンスに咬みついて針金を引き抜いたことや、別の土佐犬が金網フェンスを咬んで外したり、変形させたりしたこと、飼い主がAの中央および東側の分室扉部分を残して金網フェンスの内側に補強作業をしていたことなどから、犬舎分室の金網フェンスの修理・補強を施さず、かつ庭先への出入口扉の施錠を確実に行わない場合、Aが犬舎の外に逃走することが過去の事例に照らして具体的に予測できたと判断しました。

そして、修理を施したうえで施錠をすることは飼い主にとって容易に実行できたものである以上、重過失が認められると判断しました。

土佐犬のような闘犬については、当該飼い犬が過去に人に対する咬傷事件を起こしていなかったとしても、犬種としての危険性は否定されませんので、飼い主としては危険性を認識し、そのことを前提にした対策をとることが必要です。

[《参考条文》刑法211条後段　　　　　　　　　　　　　　]

| 判例 27 | 中型雑種犬が人に咬みついた事故について、飼い主に過失致傷罪が認められた |

広島高裁平成15年12月18日判決（裁判所HP）

> **要旨**
>
> 飼い犬A（中型雑種犬）の散歩中に、飼い主はAをつないでいたロープを右手で2重巻きにして持っていましたが、約1.5m引きずられてしまい、Aが被害者に襲いかかり、咬みつき、ケガを負わせたことについて、結果を予見することが可能だったか、また、回避することが可能だったかが争われましたが、裁判所は、いずれの可能性も認め、過失致傷罪が成立しました。

Point

① 飼い主は犬が咬みつくことを予見できたか
② 飼い主は犬が咬みつくことを回避できたか

　散歩中に、飼い犬A（体長約65cm、体重約12kg）が被害者に襲いかかり、右足首に咬みついてケガを負わせてしまったことについて、飼い主は、Aが今まで散歩中に人に咬みついたことがないことやロープを掌に2重に巻いて持っていたこと、被害者との距離などから、一般人において、Aが被害者に咬みつくことを予見することは不可能であったと争いました。

　しかし、裁判所は、犬は中型犬であっても、その性質上、警戒心から突然、加害行為に出ることがあること、Aが飼い主方の敷地内ではあったが過去に2回人に咬みついたことがあること、Aは被害者の飼い犬と日頃から相性がよくなく、散歩等ですれ違うとお互いに吠えること、以前にAの散歩の際に片手でロープを持っていたところ、不意に2、3歩引っ張られたことがあったこと、右手片手でロープをもっていたこと、被害者との距離は約2mから離れていても3.2m程度であったこと、被害者は立ち止まっていた

[判例27] 中型雑種犬が人に咬みついた事故について、飼い主に過失致傷罪が認められた

状態から右前方に一歩足を踏み出したことなどの具体的状況のもとにおいて、一般人を基準にして検討すると、犬の飼い主としては、当該犬の性格や加害前歴、相手方との関係、距離などを考慮して、飼い犬が被害者に襲いかかり咬みつくことがあるかもしれないと予見することは十分可能であり、その結果を未然に防止するための措置を講じる義務があったというべきであるとし、結果についての予見が可能であったことを認めました。

また、飼い主は、少なくとも被害者と約2ｍの距離を置いて、Ａをつないだロープを掌に二重に巻き付けて保持し、足をやや開いた体勢を取っていたから、一般の飼い主に要求される結果回避措置を講じていたとして、本件結果の発生は不可避であったと争いました。

しかし、裁判所は、飼い主とＡには体格差があり、飼い主が右手片手ではなく、両手でロープをしっかり持ち、あるいは左手をロープの首輪に近い部位に添えて被害者との距離を保持するなどの方法によりＡの行動を制御して、被害者に襲いかかり咬みつくことを防止することは容易であり、かつ十分に可能であったと結果回避可能性を認めました。そのうえで、飼い主が、油断して、被害者との間の距離を十分に取ることなく、漫然と右手片手でロープを持っていたのであるから、結果回避義務を尽くしていたということはできないとし、過失致傷罪の成立を認めました。

民法上、飼い主の責任を免れるだけの注意義務を尽くしたと認められるのは難しいですが、刑法上も、飼い主の責任を免れるだけの注意義務を尽くしたと認められるのは非常に難しいものがあります。犬の飼い主としては、万が一の事故に対する万全の注意を怠ることのないようにしなければならないのです。

《参考条文》刑法209条１項
《関係判例》（第１審）広島簡裁判決（平成15年(ろ)第９号）

判例 28 闘犬の咬みつき事故について、飼い主は重過失致死罪と重過失致傷罪によって実刑となった

那覇地裁沖縄支部平成7年10月31日判決（判例時報1571号153頁）

要旨 大型の闘犬であるアメリカン・ピット・ブル・テリア2頭が幼児を咬み殺し、別の幼児にケガを負わせたことについて、裁判所は、飼い主に対し、重過失致傷罪、重過失致死罪の成立を認め、禁固1年の実刑としました。

Point
① 飼い主に重大な過失が認められるか
② 量刑はどう判断されるか

飼い主は、公園に隣接する畑での農作業に従事する際に、大型の闘犬であるアメリカン・ピット・ブル・テリア2頭を連れて行き、口輪をはめることも、鎖や綱もせずに、漫然と畑に放し飼いにしていました。そうしたところ、公園の遊歩道で遊んでいたA（当時6歳）が1頭に大腿部を咬まれ、全治約1週間を要する傷害を負いました。また、Aを助けようと走り寄ったB（当時5歳）の頭部や全身に2頭が咬みつき、Bは全身挫裂創等の傷害による出血性ショックで亡くなってしまいました。

裁判所は、飼い主に対し、本件2頭の犬がいずれも大型の闘犬であり、闘争本能が強く、人に咬みつくなどした場合には重大な傷害を負わせる危険があるのであるから、公衆が出入りする公園付近に連れ出した場合には、他人に危害を加えることがないように、口輪をはめ、鎖でつなぐなどして監守を厳重にし、咬害事故などの発生を未然に防止すべき注意義務があるとしました。そのうえで、飼い主には、この注意義務を怠り、2頭の犬に口輪をはめず、漫然と放し飼いにし、その監守を行った重大な過失があるとして、A

に対する重過失致傷罪、Bに対する重過失致死罪の成立を認めました。

　そのうえで、裁判所は、量刑の理由として、飼い主が本件2頭の犬が闘犬であることを熟知しており、むしろ、日ごろから牛骨を与えるなどして、闘争性を高めようとしていたこと、闘犬愛好家の間では、アメリカン・ピット・ブル・テリア種の犬は常時鎖でつないで飼うことが常識であったにもかかわらず、放し飼いで連れて行き、そのまま農作業中開放していて、闘犬の管理者としては、あまりに無神経かつずさんであったことを挙げ、本件は2頭のどう猛な闘争本能に照らせば、起こるべくして起きた事故とさえ言えるとしました。そして、幼い生命を奪った結果の重大性だけでなく、本件が遺族に与えた衝撃、近隣住民に及ぼした恐怖、不安感は計り知れず、飼い主の刑事責任は極めて重大であるとしました。そのため、裁判所は、飼い主が深く反省し、被害者遺族に対し、全財産を投げ出して償うとの決意を表明して、一部慰謝の措置も講じていたこと、高齢や前科がないことなど、飼い主に有利に斟酌すべき事情を十分に考慮しても、実刑が相当と判断しました。

　このように、飼い主の甘い考えが他人を傷付けるだけでなく、死に至らしめてしまうこともあります。また、人に危害を加えた犬は殺処分の対象となる可能性があります。人のためにも、犬のためにも、飼い主の責任は重大だということがわかります。

[《参考条文》刑法211条後段　　　　　　　　　　　　　　　　　　　]

| 判例 29 | 飼い犬を放し、咬みつかれた被害者が溺死した事故について、飼い主に重過失致死罪が成立し、実刑となった |

札幌地裁平成26年7月31日判決（LLI/DB 判例秘書）

要旨　闘犬用大型犬の飼い主Aが犬の散歩中に綱を手放していたところ、犬が付近の浜辺を散歩中であったBに咬みつき、意識障害に陥ったBを波打ち際に転倒させて海水を吸引させ、溺水により死亡させた事案について、重過失致死罪が成立し、実刑となりました。

Point
① 重過失致死罪が成立するか
② 量刑はどう判断されるか

　Aは、闘犬用大型犬（体重約45kg）を飼育していましたが、散歩中に、犬をつなぐ綱を手放して、犬を逸走させ、付近を散歩中のBに犬を咬みつかせ、そのために意識障害に陥ったBを波打ち際に転倒させて海水を吸引させ、溺水により死亡させてしまいました。

　裁判所は、Aには、犬を逃走させたならば、犬が人に咬みつくなどして、人に危害を加えることが予想されたのであるから、犬をつなぐ綱を手放すことをせず、その綱を確実に保持するなどして、犬が人に危害を加えることを未然に防止すべき注意義務があるのにこれを怠り、付近には人がいないものと軽信し、犬をつなぐ綱を手放して犬を逃走させたという重大な過失があるとし、重過失致死罪の成立を認めました。

　このほかに、Aは、飼っていた闘犬用大型犬2頭について、厚生労働省令所定の登録を申請せず、また、狂犬病の予防注射も受けさせていませんでした（狂犬病予防法違反）。さらに、無車検、無保険の軽自動車を運転していました（道路運送車両法違反および自動車損害賠償保障法違反）。

[判例29] 飼い犬を放し、咬みつかれた被害者が溺死した事故について、飼い主に重過失致死罪が成立し、実刑となった

　そして、裁判所は、Ａの重過失傷害致死罪について、Ａが散歩させていた犬は闘犬用大型犬なのであるから、これが他者に遭遇したときには、他者に咬みつくなどし、重篤な危害を与えかねないことは容易に想像がつくところであるのに、十分な確認をすることもなく、他者がいないものと安易に考え、犬の綱を放したために本件被害の発生に至ったもので、その過失は極めて重大であるとしました。また、被害者の死亡という結果が重大であること、被害者の恐怖、苦痛や無念さが察するに余りあること、死亡した被害の遺族らも深い精神的苦痛を受け、Ａに対する処罰感情が強いのも当然であること、加えて、Ａが被害者の遺族らに対する慰謝の措置を何ら講じていないことなどから、本件重過失致死の犯情は極めて悪いと判断しました。

　また、その他の罪（狂犬病予防法違反、道路運送車両法違反、自動車損害賠償保障法違反）についての犯情も悪いとし、Ａの刑事責任は重く、厳しい処罰を免れないとして、懲役2年6カ月および罰金20万円の実刑判決としました。

　このように、飼い犬が被害者を死亡させてしまう不幸な事件も起きています。飼い主が、謝罪をしても、後悔をしても、亡くなった方は戻ってきません。飼い主の甘い考えが重大な結果をもたらしてしまうことを忘れないようにしなくてはなりません。

《参考条文》刑法211条後段、狂犬病予防法4条1項・5条1項・27条1号・2号、道路運送車両法108条1号等、自動車損害賠償保障法86条の3第1号等

第3章　ペットの咬みつき等の裁判

判例 30　犬をけしかけて女性に傷害を負わせた事件について、飼い主に懲役6カ月・罰金5万円の実刑が認められた

横浜地裁昭和57年8月6日判決（判例タイムズ477号216頁）

要旨

飼い主Aが、飼い犬（ドーベルマンピンシェル犬）を通行中の女性にけしかけて咬傷を負わせた事案について、傷害罪の成立が認められ、実刑判決となりました。

Point

① 犬をけしかけてケガを負わせた場合、傷害罪が成立するか
② 量刑はどう判断されるか

　Aは、ドーベルマンが軍用犬として開発された用途犬で飼い主の命令に忠実に従う性質を有することを知っていたので、同犬（当時生後10カ月体重24kg、体高80cm、体長80cm）をAの指図どおり行動するよう飼い馴らしていました。

　Aは、ビールを1ℓ程飲んだ後、飼い犬を自宅近くの公園に散歩に連れて行き、そこで綱をはずし、同犬を遊ばせている間、自らは途中で買い求めた720mℓ入りウイスキーの瓶約半分近くをストレートで飲み、その後、付近が暗くなりかけたところ、Aは綱を外したまま同犬を連れて家路につきました。その途中、Aは、公園内の空地付近で酔いがまわったため同犬を傍において横になっていたところ、Bを含む4名の女性が、現場付近を話しながら歩いて来る声に気付くや、酩酊し気が大きくなっていたことなどから、Bらに同犬をけしかけて脅し、からかってやろうと考え、自己は繁みにひそんで身を隠したまま同犬に対し、Bらに走り寄るように「ハイ」と号令し、けしかけました。同犬がBの右大腿部に咬みつき、Bが悲鳴をあげるとともにAのひそむ木の繁みに向かって「何するの」「犬が咬んだじゃない

[判例30] 犬をけしかけて女性に傷害を負わせた事件について、飼い主に懲役6カ月・罰金5万円の実刑が認められた

の」等と強く抗議するや、AはBに近寄り、Bに対し、「（傷を）見せてみろ」等と申し向けたところ、Bから「人に見せられる場所じゃない」などと言われてこれを拒絶されるや憤激し、同犬の上記行動に鑑み、Aが同犬に「ハイ」と声をかけて対象物を襲うよう指図すればこれに咬みつくことがあることを認識しながら、あえて、咬みついてもかまわないと思い、同犬から1mも離れていないBに対し、同犬に向かって「ハイ」と号令をかけ、同犬をしてBの下腿部に咬みつかせる暴行を加え、よって、Bに3針縫う加療約4日間を要する右大腿部および右下腿咬傷の傷害を負わせました。

また、Aは、狂犬病予防法の登録と予防注射の義務を怠っていました。

裁判所は、Aは同犬が飼い主の命令に忠実な性質を有することを利用し、また人間が騒ぐと興奮しやすい性質であることを十分知ったうえで自分は草木の繁った暗闇にひそんで、通行中の女性を狙っては同犬をけしかけ、女性らが悲鳴をあげて逃げ回るのを見ては楽しむというはなはだ卑劣・陰湿な所為にでて、ついには同犬が被害者に咬みつき、これに抗議されるや、謝罪するどころか逆に居直ってさらに犬をけしかけて犯行に及んでいるなどその手段、態様は悪質なものと言わざるを得ないと判断しました。また、被害者に対し傷のみならず強い精神的衝撃をも与えており、被害感情にはなお厳しいものがあると指摘し、Aには犬の飼い主としてのモラルに欠ける点が多く、また、社会に与えた不安も大きいと判断しました。そして、傷害罪の成立を認め、懲役6カ月および罰金5万円の実刑という厳しい判決を言い渡しました。

執行猶予の判断が付かなかったので、Aは刑務所に収監されることになります。面白半分で犬をけしかける行為はしてはいけません。

【《参考条文》刑法204条】

> **コラム** 判決で認められる弁護士費用、訴訟費用とは？

　裁判を弁護士に依頼した場合には、弁護士費用がかかります。

　トラブルの被害者としては、トラブルがなければ弁護士を頼む必要もなかったわけですから、加害者に対して、弁護士費用についても支払ってほしいと望むのが通常です。また、裁判で勝った場合には、負けた側が弁護士費用を払ってくれるものだと思っている方もいます。

　しかし、負けた側（敗訴者）が弁護士費用を負担することにはなっていません。あくまでも、弁護士費用は、依頼者が依頼した弁護士に支払わなくてはなりません。

　もっとも、不法行為に基づく損害賠償請求が認められた場合には、弁護士費用も損害の一つとして、請求が認められます。

　しかし、裁判所が弁護士費用を損害と認めてくれたとしても、実際に弁護士に支払った金額や報酬としてこれから支払わなくてはならない金額の全額が損害として認められるわけではありません。

　一般的には、損害賠償として認められた金額の1割程度の金額が認められることが多いようです。つまり、ペットが原因でケガをした人が、治療費や慰謝料で合計100万円の損害賠償を認められた場合には、弁護士費用としては、その1割である10万円が認められることになります。

　弁護士費用とは別に、判決では「訴訟費用」の負担についても判断がされます。この訴訟費用には、弁護士費用は含まれていません。訴訟費用に含まれるものとしては、訴訟を提起した場合の申立手数料（訴状や控訴状に貼った印紙代）、裁判所から各当事者に郵便物を送った場合の郵便代、当事者、代理人、証人などが出廷した場合の旅費日当、書類作成提出費用等があります。旅費や日当、書類作成提出費用等は、実際に支払った金額ではなく、規則で計算方法が決まっていて、裁判所書記官に訴訟費用額確定処分の申立てをしなければなりません。実際の裁判では、訴訟費用の額の確定を行い、訴訟費用を取り立てることはあまり行われていないのが現状です。

第 **4** 章

交通事故とペットの裁判

第4章 交通事故とペットの裁判

判例 31 飼い犬が自動車にひかれた交通事故について、飼い主にも過失が認められた

東京地裁平成24年9月6日判決（LLI/DB判例秘書）

> **要旨**　飼い主が散歩に行くために犬にリードを付けて家を出ようとしたところ、自動車が来たので、通過するのを待っていました。ところが、飼い犬が自動車にひかれてしまい、亡くなってしまいました。裁判所は、自動車の運転手らに、犬をひいたことの法的責任を認めましたが、犬が道路に飛び出さないようにリードを手繰るなどしなかった飼い主に、8割もの過失を認めました。

Point
① 飼い主に過失が認められるか
② 過失割合はいくらか
③ 損害はいくらか

　人間と同じようにペットも交通事故に遭いますが、ペットについては飼い主の管理義務が問題となります。

　本件では、飼い主は飼い犬の雌のポメラニアンおよび柴犬を散歩させるため、犬の胴締めにそれぞれリードをつなぎ、各リードの片端を把持して、いったんは自宅敷地内から道路に出ました。ところが、自動車が自宅前の道路に進入してきたのに気がついたため、2匹の犬を自宅敷地に引き入れ、各リードの片端を持った状態で、自宅敷地内の駐車場に佇立していました。その際、飼い主は、長さ約120cmのリードを調整しようとしたものの、リードを手繰るなどして犬が道路に飛び出ないような措置を講ずることはしませんでした。その結果、道路に飛び出してしまったポメラニアンが自動車にひかれ、死亡してしまいました。

[判例31] 飼い犬が自動車にひかれた交通事故について、飼い主にも過失が認められた

　裁判所は、自動車がポメラニアンをひいたことを認めたうえで、自動車の運転者には、「周囲の状況等を十分注視し、直ちに停止できるような速度で走行すべき義務を怠った過失がある」と判断しました。

　そして、飼い主については、「犬が自動車等の接近に驚くなどして道路に飛び出すなどの事態は十分予想されるところであるから」、「犬の飼い主として、本件犬が本件道路に飛び出さないようにリードを手操るなどの適切な処置を取るべき義務があるところ、これを怠り、本件事故を惹起させたものである」として、本件事故の原因はもっぱら飼い主の過失にあると判断しました。そのうえで、飼い主の過失の方が大きいとして、本件事故における過失割合を、飼い主8割、運転者2割と認定しました。

　本件では、飼い主は、自動車を見つけて、自宅敷地に犬を避難させ、交通事故を防ごうとしました。ですが、犬が道路に飛び出さないようにリードを手繰るなどの適切な処置を取らなかったとして、過失が認められ、本件事故の原因がもっぱら飼い主にあるとして、8割もの過失割合が認められてしまいました。これは、飼い主にとっては厳しい判断であるといえるでしょう。

　しかし、犬は、人間のように、自分で危険を察知し、正しく行動できるわけではありません。この裁判例は、犬の命を守ってあげられるのは飼い主だということを、あらためて認識させるものといえます。

　なお、裁判所が認めた損害額は次のとおりです。

① 犬の死亡による財産的損害　　18万円
② 犬の葬儀費用　　3万3600円
③ 遺骨ペンダント代　　0円
④ 葬儀場までの交通費　　7245円
⑤ 治療費　　7100円
⑥ 交通事故証明交付手数料　　540円
⑦ 慰謝料　　10万円
⑧ 弁護士費用　　6000円

　裁判所の認容額は、①〜⑦の合計32万8485円についての過失相殺後の金額6万5697円および⑧の合計7万1697円です。

《参照条文》民法709条・715条・722条

| 判例 32 | 飼い犬を追いかけた子どもが遭った交通事故について、被害者側に7割5分の過失割合が認められた |

神戸地裁平成9年9月3日判決（交通事故民事裁判例集30巻5号1321頁）

要旨　母子で飼い犬の散歩をしていたところ、急に犬が走り出し、母の手から犬の鎖が離れ、犬を追って走り出した子ども（11歳）が自動車の直前に飛び出してしまい、自動車と衝突してしまいました。この交通事故により、子どもは脳挫傷等の傷害を負い、1級3号の後遺障害を負いました。裁判所は、本件事故は、自動車の直前に飛び出した子どもに過失があり、また、そもそもの原因が犬の鎖を離してしまったことにあることを考慮し、被害者側の過失割合を7割5分と認定しました。

Point

① 被害者側に過失が認められるか

② 過失割合はいくらか

　交通事故が起きた場合、被害者側に過失があれば、過失相殺が行われ、損害額が減額されます（民法722条2項）。この場合、被害者自身の過失だけではなく、「被害者と身分ないしは生活関係上一体をなすと認められるような関係にある者の過失」も、損害の公平な分担の見地から、被害者側の過失として考慮されてしまいます。

　本件事故では、子ども自身に、犬を追いかけて信号が青色で進行しようとする自動車の直前に飛び出したという過失が認められただけでなく、その母親が突然走り出した犬の鎖を手放してしまったことが本件事故のそもそもの原因であるとして、「被害者側の過失」が認められました。

　裁判所は、子どもが1級3号の後遺障害を負ったことを認めたうえで、慰謝料、治療費等の損害として合計1億9126万1867円を認定しましたが、7割

[判例32] 飼い犬を追いかけた子どもが遭った交通事故について、被害者側に7割5分の過失割合が認められた

5分の過失相殺により、損害額としては4781万5466円が認められました。

犬は、突然、走り出したり、吠えかかったり、飛びかかったりすることがあります。このようなペットの行動により、不幸にも、ペット自身が傷つくだけでなく、他人を傷つけてしまうこともあるのです。本件事故は、飼い主の家族が被害者でしたので被害者側の過失として飼い主に責任が認められました。しかし、第三者が被害に遭った場合には、飼い主は、第三者に対して、動物の占有者として損害賠償責任を負うことになります。

そのため、飼い主は、動物の飼育については、万が一のことを予想して、相当な注意義務を尽くす必要があるのです。

《参照条文》民法709条・715条・722条

判例33 盲導犬が交通事故で死亡したことについて、高額の損害賠償請求が認められた

名古屋地裁平成22年3月5日判決（判例時報2079号83頁）

要旨

A協会は、Bに盲導犬を貸していました。Bが盲導犬とともに横断歩道を横断していたところ、Cが運転する大型貨物自動車が衝突し、Bが傷害を負い、盲導犬は死亡しました。裁判では、A協会の盲導犬の死亡自体による損害として260万円が認められました。

Point
盲導犬の死亡自体による損害はいくらか

　盲導犬の訓練、育成等を目的とする財団法人A協会は、Bに対し、盲導犬を無償で貸していました。Bが盲導犬を連れて横断歩道を横断していたところ、Cが運転する大型貨物自動車が衝突し、Bは骨折、気脳症、硬膜下血腫等の傷害を負い、盲導犬は死亡しました。

　運転をしていたCおよびその雇い主であるD社が盲導犬の死亡自体による損害として、当該盲導犬の死亡時における客観的価値を補償しなければならないこと自体は争いにはなりませんでしたが、盲導犬の客観的価値をどのように評価するべきかが争いになりました。A協会は、盲導犬は専門的訓練により盲導犬としての特別な技能という付加価値を得ていることから、当該技能を付与するために必要な育成費用をもって評価すべきと主張しました。これに対し、被告側は、盲導犬の需要や歩行補助具としての必要性を前提に市場原理に従えば、高価な犬の値段程度（20万円程度）の評価で足りると主張しました。

　裁判所は、盲導犬は、視覚障害者の単なる歩行補助具にすぎないものではなく、視覚障害者の目の代わりとなり、また、精神的な支えともなって、当

[判例33] 盲導犬が交通事故で死亡したことについて、高額の損害賠償請求が認められた

該視覚障害者が社会の一員として社会生活に積極的に参加し、ひいては自立を目指すことをも可能にする点で、白杖等とは明らかに異なる社会的価値を有しているものと評価することができると判断しました。そして、盲導犬がそのような社会的価値のある能力を発揮することができるのは、A協会が約1年間にわたって専門的な訓練を施した結果にほかならず、盲導犬の価値を客観的に評価する場合には、当該社会的価値のある能力を身に付けるために要した費用、すなわち、当該盲導犬の育成に要した費用を基礎に考えるのが相当であるとしました。そのうえで、訓練を受けた年度のA協会の育成費用を育成されていた盲導犬の頭数で割った453万1037円を育成費用として認めました。そして、盲導犬の活動期間を10年とみた場合の残余活動期間の割合に応じて当該盲導犬の育成費用を減じるのが相当とし、当該盲導犬の残余活動期間が約5.13年であったことなどから、当該盲導犬の客観的価値を260万円と認定しました。

このほか、A協会は、盲導犬の死亡により関係者らが負った精神的損害についても請求をしていましたが、これは関係者本人自身によって、損害賠償請求を行うべきであるとして、認められませんでした。

犬が盲導犬として活躍するためには、多くの関係者の協力や犬の努力が必要ですし、社会的価値は高いものといえます。この裁判例は、そういった点を踏まえて、盲導犬の客観的価値を高く評価しており、盲導犬や関係者に対する理解のある判断だといえるでしょう。

[《参考条文》民法709条]

判例 34 自家繁殖犬舎の経営者が交通事故の被害に遭った際に、犬の預かり費用が損害として認められた

名古屋地裁平成16年9月15日判決（交通事故民事裁判例集37巻5号1284頁）

要旨 　自家繁殖犬舎の経営者であるAは、交通事故に遭い、頭部挫傷等の傷害を負い、入院し、通院しました。Aは、入院、通院により、犬の飼育をすることが困難となり、キャバリア種の成犬22頭を専門に飼育するBに預け、その飼育依頼代金が損害として認められました。また、ダックスフント種の子犬4匹の死亡についても請求をしましたが、こちらは認められませんでした。

Point
① 犬の飼育依頼代金が交通事故による損害として認められるか
② 子犬4匹の死亡について得べかりし利益が認められるか

　Aの運転する自動車が渋滞のため一時停止していたところ、後方から走行してきた加害者の自動車がAの自動車の後部に追突し、Aは頭部挫傷等の傷害を負いました。加害者には、前方不注視の過失があることから、民法709条に基づく損害賠償責任が認められました。

　裁判所は、Aの損害として、治療費198万4140円、入院雑費3万6400円、傷害慰謝料90万円、休業損害96万9558円、弁護士費用48万円を認めました。

　また、事故当時、Aは、自家繁殖犬舎を経営し、キャバリア種の成犬22頭を飼育していましたが、本件事故により傷害を負い、入通院したことから、犬の飼育をすることが困難となり、1頭あたり1日2万2157円で同犬種を専門に飼育するBに預け、合計249万円の預かり料金を支払いました。裁判所は、Aがキャバリア種を飼育するについては一定の経費を支出していると推認されるとして、預かり料金の2割を経費として控除し、飼育依頼代金と

[判例34] 自家繁殖犬舎の経営者が交通事故の被害に遭った際に、犬の預かり費用が損害として認められた

して199万2000円を損害と認めました。

　さらに、Aは、事故当時、ダックスフント種も飼育していましたが、入院により妊娠していた犬の世話ができず、子犬4匹が出産と同時に死亡したことから、4頭で合計106万5200円の得べかりし利益を得られなかったとして賠償を請求していました。これについては、裁判所は、ダックスフント種の出産の時期や出産頭数が必ずしも明確ではなく、さらにAが世話をできなかったことと子犬の死亡との因果関係について、十分に立証されたとは認められないが、これをおくとしても、Aが請求する逸失利益は、Aが自家繁殖犬舎の営業をしていれば得られたであろう収入であるところ、これはすでに休業損害として評価されたものであるため、休業損害と別に請求することは認められないと判断しました。

　交通事故による損害は、被害者自身だけでなく、被害者の事業に伴う損害も補償しなくてはならない可能性があります。本件で犬の預かり料が損害として認められたのは、Aが事業として犬を飼育していたことが大きいと考えられます。

《参考条文》民法709条
《関係判例》東京地裁平成24年3月13日判決（自保ジャーナル1874号58頁）：
　　家族が面倒をみることができたとして預かり費用は損害として認めなかった

| 判例 35 | 飼い主が交通事故に遭い、犬の散歩費用が損害として認められた |

大津地裁平成24年2月2日判決（LLI/DB 判例秘書）

要旨

　駐車場で停車していたAの車両に、前方から後退してきたB運転の車両が衝突しました。Aは、本件事故により、以前から治療をしていたパニック障害と身体的表現性障害が増悪してしまい、飼っていた大型犬の散歩ができなくなってしまいました。

　裁判所は、パニック障害などの増悪と本件事故との因果関係を認めたうえで、親によるAに対する介護および飼い犬の散歩の費用を本件事故と相当因果関係のある損害として認めました。

Point

飼い犬の散歩の費用は交通事故と相当因果関係のある損害か

　交通事故の加害者に不法行為に基づく損害賠償責任（民法709条）が認められた場合、交通事故と相当因果関係にある損害が賠償の対象となります。

　交通事故によって人間がケガをした場合、治療費や休業損害、慰謝料などが損害として認められますが、身の回りのことが自分でできなくなり、介護が必要となった場合には、介護の費用が損害として認められます。本件では、Aは、親に、介護をしてもらうとともに、飼い犬の散歩もしてもらったため、その費用を請求しました。

　事故当時、Aは、両親宅の近所で単身居住し、ラブラドールレトリーバーの成犬2頭を飼育していました。しかし、本件交通事故により、少なくとも9カ月近く、日常生活について一定の援助を要する状態で、飼い犬の散歩も困難でした。そのため、Aの両親が、Aの介護と飼い犬の散歩をしていました。

[判例35] 飼い主が交通事故に遭い、犬の散歩費用が損害として認められた

　Aは、父親に、介護費用として1日あたり3000円、飼い犬2頭の散歩費用として1日あたり2万円の合計665万5000円を支払ったとして、全額の賠償を求めていました。

　裁判所は、Aの介護および飼い犬の散歩をAの両親が行っていたことは認められるものの、絶えず両親の介護を要するような状態であったとまでは認められないとし、Aの介護費用および飼い犬の散歩費用として、270日間につき日額4000円、合計108万円を損害として認めました。

　なお、裁判所は、この他の損害としては、治療費、通院交通費、休業損害、通院慰謝料、弁護士費用などを認めています。

　飼い主が交通事故により日常生活が送れなくなり、飼い犬の世話ができなくなることはありえることです。本件では、飼い主の両親が近くに住んでいたことから両親に散歩を頼むことができましたが、飼い主の事情によっては、プロに頼まなくてはならない場合も考えられます。その場合には、もっと高額の賠償額が認められる可能性があります。

【《参考条文》民法709条　　　　　　　　　　　　　　　　　　　　　　　】

判例 36	飼い主が交通事故に遭い、入院期間中の犬の預託費用が損害として認められた

横浜地裁平成6年6月6日判決（交通事故民事裁判例集27巻3号744頁）

要旨

路線バスから下車しようとして料金支払のために小銭を取り出そうとしていたA（74歳、女性）は、バスの運転手が乗客の下車が完了したと誤信してバスを突如発車させたため、転倒し、傷害を受け、後遺障害（後遺障害等級7級10号）が残りました。

Aは、Aの入院中に飼い犬2頭を預けた費用を請求し、裁判所は、本件事故と因果関係のある損害として認めました。

Point

犬の預託費用は交通事故と相当因果関係のある損害か

　交通事故の加害者に不法行為に基づく損害賠償責任（民法709条）が認められた場合、交通事故と相当因果関係にある損害が賠償の対象となります。

　交通事故によって人間がケガをした場合、治療費や休業損害、慰謝料などが損害として認められますが、飼い主が犬の面倒をみることができなくなり、犬を預けた場合には、その預託費用が損害として認められます。

　事故当時、A宅では、2頭の犬を飼っていました。Aの入院に伴い、飼い犬2頭は、警察犬訓練所に預けられ、費用として132万3000円が支払われました。そのため、Aはこの預託費用を損害として請求しました。

　これに対し、バス会社と運転手Bは、Aの夫が飼い犬の世話をすることができたので、因果関係はないと争いました。また、仮に預ける必要があったとしても、親類あるいは友人に預けるなどして、被害者としても損害が拡大しないように協力すべきであるとして、その金額も争いました。

　裁判所は、Aは夫と生活をともにしていたものであるところ、Aでなけ

[判例36] 飼い主が交通事故に遭い、入院期間中の犬の預託費用が損害として認められた

れば犬の世話が全くできなかったと認めるべき事情も、夫がＡの入院期間中常にＡに付き添うなどして飼い犬の世話を全くできない状態にあったとまで認めるべき事情も存在しないとして、請求額の約半分である65万円の限度で、本件交通事故と相当因果関係のある損害と認めました。

　なお、裁判所は、この他の損害としては、治療費、付添看護費、入院雑費、交通費、後遺障害による逸失利益、慰謝料、弁護士費用を認めています。

　飼い主が交通事故により入院を余儀なくされ、飼い犬の世話ができなくなることはありえることです。本件では、飼い主の夫が面倒をみることができたのではないかが争いとなりました。しかし、飼い主の家族の事情によっては、プロに預かってもらわなくてはならない場合も考えられます。裁判所は、実際に支払った費用の約半分ではありましたが、プロによる預かり費用を損害として認めました。

《参考条文》民法709条
《関係判例》大阪地裁平成27年1月16日判決（交通事故民事裁判例集48巻1号87頁）：交通事故により死亡した被害者とその家族が犬を飼っていた場合に、葬儀などのために飼い犬をペットホテルに預けた費用1万8900円（5日分）が交通事故と相当因果関係のある損害と認められた

判例 37 飼い主が交通事故に遭い、ペットシッター代が因果関係のある損害として認められた

東京地裁平成27年3月19日判決（自保ジャーナル1946号60頁）

要旨　ＡとＢの自動車が接触事故を起こし、Ａは約2年間、入院となりました。Ａは、ペットシッター代を請求し、裁判所はその一部を本件交通事故と相当因果関係のある損害として認めました。

Point
ペットシッター代は、本件交通事故と相当因果関係のある損害か

　交通事故の加害者に不法行為に基づく損害賠償責任（民法709条）が認められた場合、交通事故と相当因果関係にある損害が賠償の対象となります。

　交通事故によって人間がケガをした場合、治療費や休業損害、慰謝料などが損害として認められますが、飼い主が犬の面倒をみることができなくなり、犬を預けたり、人に世話をお願いした場合には、その費用が損害として認められます。

　Ａは、交通事故当時、一人暮らしであり、犬1頭と猫3頭をペットとして飼っていました。本件事故後は、ペットシッターにペットの世話を依頼していたことから、ペットシッター代等として、595万4002円を請求しました。

　裁判所は、Ａが本件事故当時にペットを飼育していたこと、本件事故後に、料金1時間2625円のペットシッターに、原則1日1時間、ペットの世話を依頼していたこと、加害者側の保険会社が、Ａに対し、ペットシッター代を損害と認めて支払ったことを事実として認定しました。そして、本件事故当日から症状固定までの601日間について、1日あたり1時間のペットシッター代として157万7625円（2625円×601日）の限度で、本件事故と相当因果関係のある損害と認めました。

[判例37] 飼い主が交通事故に遭い、ペットシッター代が因果関係のある損害として認められた

　交通事故でペットの世話ができなくなり、ペットをペットホテルなどに預ける場合もあれば、本件のように、預かってもらうことはせずに、ペットシッターに世話を依頼する場合もあります。ペットを預けるのではなく、慣れ親しんだ自宅で飼育したいという飼い主の意向があったのかもしれません。

《参考条文》民法709条
《関係判例》東京地裁平成16年9月1日判決（自動車保険ジャーナル1582号18頁）：4頭の飼い犬を15日間、ハンドラーやドックシッターに預けた費用32万円を交通事故と相当因果関係のある損害と認めた

判例 38

飼い犬が自動車と衝突した事故について、主たる原因は飼い主の過失であるとして、飼い主に8割の過失割合が認められた

名古屋地裁平成13年10月1日判決（交通事故民事裁判例集34巻5号1353頁）

要旨

Aの飼い犬（ロットワイラー種）がBの運転する普通乗用車の進路前方に飛び出したため、Bの車両と犬が衝突し、犬が死亡しました。Bは自動車の修理費を請求し、Aは犬の取得代金や慰謝料での相殺を主張しました。裁判所は、本件交通事故の主たる原因は犬の飼い主の過失にあるとしましたが、Bにも2割の過失を認めました。そして、Bについては自動車の修理費を損害として認めましたが、Aについては民法509条により相殺を認めませんでした。

Point

① 本件交通事故について、双方に過失が認められるか
② 過失割合はいくらか
③ Aによる相殺が認められるか

Aが飼い犬（ロットワイラー種）を散歩させていたところ、飼い犬が茂みに隠れていた野良犬を発見し、逃げ出した野良犬の後を追って急に走り出しました。Aは、犬をつなぐ綱を手首に巻き付けずに輪の部分を持っていただけであったため、犬が急に走り出した際、綱を持ち直すことができず、綱を放してしまいました。そのため、犬が道路を斜めに横断しようとした際に、Bの運転する自動車と衝突してしまい、犬が死亡してしまいました。

Bは、Aに対して、自動車の修理代金30万6310円の支払いを請求しました。これに対し、Aは、犬が死亡したことから、犬の取得代金30万円および慰謝料50万円の損害を主張し、Aの請求との相殺を主張しました。

裁判所は、本件交通事故について、Aに、大型犬を散歩させるものとし

[判例38] 飼い犬が自動車と衝突した事故について、主たる原因は飼い主の過失であるとして、飼い主に8割の過失割合が認められた

て、散歩中に犬を管理不能な状態にすることがないように、細心の注意をもってこれをつなぐ綱等を持つ注意義務があるにもかかわらず、これを怠り、犬が走り出した際に漫然と綱を放したため、犬を管理不能な状態にし、本件事故を惹起させた過失を認めました。また、Bについても、前方を注視して、犬を発見し、これに危害を加えないように減速等の措置を講じる一般的な注意義務があったにもかかわらず、漫然とこれを怠り、減速等の措置を講じることなく進行したため、本件事故を惹起した過失を認め、双方に過失を認めました。

しかし、本件事故については、過失の内容、事故発生時刻、飼育動物の特殊性、道路の交通量などから、本件事故はAの過失に主たる原因があったとし、その過失割合は、Aが8割、Bが2割と判断しました。

そのうえで、Bの車の修理代については、全額が損害であると認めましたが、2割の過失相殺をして、最終的には24万5048円の請求を認めました。

しかし、Aの相殺の主張については、不法行為による損害賠償債権を受働債権とする相殺を禁止する民法509条により、相殺の主張は認められないとしました。

相殺の意思表示をする側の債権を自働債権、相殺される側の債権を受働債権といいます。不法行為による損害賠償債権を受働債権とする相殺を認めてしまうと、不法行為の加害者が相殺をすることで、被害者が損害賠償を受けられなくなってしまいます。そのため、被害者保護のために、民法509条で加害者からの相殺は禁止されています。逆に、被害者からの相殺、すなわち不法行為による損害賠償権を自働債権とする相殺は、認められています。

《参考条文》民法509条・709条

第4章 交通事故とペットの裁判

判例 39　車に同乗していた犬が交通事故でケガをしたところ、犬用シートベルトをしていなかった飼い主側にも過失があるとして過失相殺が認められた

名古屋高裁平成20年9月30日判決（交通事故民事裁判例集41巻5号1186頁）

要旨

　　加害者が運転する大型貨物自動車が、赤信号で停車中だった被害者（飼い主 A_1）運転の普通乗用自動車に追突し、A_1 と飼い犬 A' が傷害を負ったため、飼い主 A_1 と A_2 は、加害者および使用者である会社に対して損害賠償を求めました。裁判所は、加害者と会社の責任を認めましたが、請求額の一部しか損害と認めず、また、A_1 には、犬用シートベルトをしていなかったという注意義務違反があるとして、1割の過失相殺をしました。

Point

① 犬の治療費等はどの範囲が損害賠償の対象となるか
② 被害者（飼い主）側に過失が認められ、過失相殺が認められるか

　交通事故の加害者側に不法行為に基づく損害賠償責任（民法709条）が認められた場合、交通事故と相当因果関係にある損害が賠償の対象となります。また、被害者側に過失があれば、損害賠償額が被害者側の過失割合に従って減額されることがあります（過失相殺。民法722条2項）。

　本件は、加害者の運転する大型貨物自動車が A_1 の運転する普通乗用自動車に追突し、普通乗用自動車に乗せられていた飼い犬 A' が第2腰椎圧迫骨折に伴う後肢麻痺の傷害を負った事故でした。

　飼い主である A_1 と A_2 は、治療費145万2310円、将来の治療費14万1750円、入院雑費等29万0918円、将来の雑費13万5000円、交通費14万8280円、将来の交通費9万6930円、通院・自宅付添看護費228万円、将来の通院・自宅付添看護費246万円、慰謝料200万円、弁護士費用90万0518円の合計990万5706円

[判例39] 車に同乗していた犬が交通事故でケガをしたところ、犬用シートベルトをしていなかった飼い主側にも過失があるとして過失相殺が認められた

を請求しました。

　裁判所は、損害については、本来は物が毀損した場合には、当該物の時価相当額に限り、相当因果関係のある損害とすべきとされているが、愛玩動物については、生命をもつ動物の性質上、必ずしも当該動物の時価相当額に限られるとするべきでなく、当面の治療やその生命の確保、維持に必要不可欠なものについては、時価相当額を念頭に置いたうえで、社会通念上、相当と認められる限度において、相当因果関係のある損害にあたるとしました。そのうえで、具体的には、治療費11万1500円、車いす制作料2万5000円、慰謝料40万円（A_1とA_2各20万円ずつ）を認めました。

　さらに、裁判所は、動物を乗せて自動車を運転する者としては、予想される危険性を回避し、あるいは、事故により生ずる損害の拡大を防止するため、犬用シートベルトなど動物の体を固定するための装置を装着させるなどの措置を講ずる義務を負うとしました。そのうえで、飼い主A_1がこのような措置を講ずることなく、飼い犬を横に伏せた姿勢で寝かせ、助手席の人物が飼い犬の様子を監視するようにしていたにすぎないのであるから、Aに過失があるとし、1割の過失相殺を認めました。よって、最終的には、A_1とA_2は、弁護士費用2万5000円ずつを加え、それぞれ26万6425円ずつの請求が認められました。

　裁判所は、犬の損害を時価相当額に限らないとして、飼い主にとって有利な判断をしていますが、他方、飼い主に対し、犬用シートベルトを装着させていなかった義務違反を指摘し、過失相殺を認めています。裁判所は、犬という命あるものに対する人間の責任を、加害者側にも被害者側にも、重く考えたといえるでしょう。

《参考条文》民法709条・722条2項
《関係判例》（第1審）名古屋地裁平成20年4月25日判決（交通事故民事裁判例集41巻5号1192頁）

| 判例 40 | 飛び出してきた犬に驚き、避けようとしたバイクがガードレールに衝突した交通事故について、飼い主に賠償責任が認められた |

京都地裁平成19年8月9日判決（裁判所HP）

要旨　バイクに乗っていたAが道路にBの飼い犬が飛び出してきたため、驚いてバランスを崩し、ガードレールに衝突し、バイクもろとも転倒して負傷してしまいました。バイクの運転者Aおよび所有者Cは、Bに対して、治療費等を請求し、Bに動物の占有者としての責任や過失が認められ、損害賠償請求の一部が認められました。

Point
犬の飼い主に責任が認められるのか

　動物の飼い主は、動物が他人に加えた損害を賠償する責任を負います（民法718条1項本文）。しかし、「相当な注意」を尽くした場合には、責任を免れます（民法718条1項ただし書）。

　また、過失により他人に損害を発生させてしまった場合には、不法行為に基づく損害賠償責任（民法709条）を負うことになります。

　本件では、Aがバイクで道路を進行し、B宅前付近に差しかかったところ、B宅の勝手口から鎖をつけた犬が突然道路に飛び出してきたため、Aが驚いてバランスを崩し、道路の左脇のガードレールにバイクの側部を、また電柱にバイクの前部を、それぞれ衝突させ、その結果、Aはバイクもろとも転倒しました。そして、Aは、左足挫創、頭部打撲、前胸部擦過傷の傷害を負い、治療費、休業損害、慰謝料、バイクの修理代などの賠償を請求しました。

　裁判所は、飼い犬がB宅内で鎖につながれていたものの、道路に面した戸が開いたままになっていた勝手口からB宅の外に出ることができたこと

[判例40] 飛び出してきた犬に驚き、避けようとしたバイクがガードレールに衝突した交通事故について、飼い主に賠償責任が認められた

から、Bは、動物の占有者として、民法718条1項に基づく損害賠償責任を負うとしました。また、犬の飼い主として、犬がB宅前の道路を走行する車両の運転者を驚かせるなどしてその通行を妨げないようにするための配慮（B宅の勝手口を閉めておくなど）を欠いた過失が認められるから、民法709条に基づく損害賠償責任を負うとしました。

そのうえで、Bは、運転者Aに対して、治療費1万2770円、休業損害8万8794円、通院交通費1200円、通院慰謝料9万円、弁護士費用1万9000円の合計21万1764円を、バイクの所有者Cに対して、バイクの修理費22万9855円、弁護士費用2万3000円の合計25万2855円を支払うように命じられました。

裁判では、犬が飛び出したのが道路の中央付近までなのかどうか、バイクに犬が衝突または接触したかどうかも争われましたが、いずれについても、裁判所は認めませんでした。ですが、犬がバイクに衝突や接触をするところまで飛び出したり、実際に衝突や接触をしていなくても、犬によって事故が起きたことが認められ、また、飼い主には、通行を妨げないようにするための配慮を欠いていたという過失が認められました。

飼い主としては、犬を鎖につないでいるから大丈夫だと思ったのかもしれませんが、勝手口から出てしまえる状態だったのであれば、やはり相当な注意を尽くしたということはできません。今回は、幸いにも、犬がバイクに接触することがありませんでしたので、犬にケガはありませんでしたが、犬のためにも、飼い主は、相当な注意を尽くす必要があるのです。

《参考条文》民法709条・718条1項

| 判例 41 | 犬が交通事故に遭ったところ、飼い主側にも過失があるとして賠償責任が認められた |

大阪地裁平成18年3月22日判決（判例時報1938号97頁）

要旨 Aが飼っていたパピヨンとシーズーが交差点で、Bが運転する普通乗用自動車に衝突し、パピヨンは死亡し、シーズーは左坐骨骨折の傷害を負いました。Aは犬の死亡等により生じた損害を、BはAに対して、自動車の修理代等の損害を請求しました。裁判所は、Aにも、Bにも過失があるとして、いずれの請求も、その一部が認められました。

Point

飼い主にも事故の責任が認められるのか

　自動車と犬との交通事故の場合、運転手のみに不法行為責任が認められることもありますが、犬の飼い主の過失により交通事故が起きた場合には、飼い主にも不法行為責任が認められます。

　本件は、前方のタクシーが急ブレーキをかけたため、Bが車線変更して交差点に入ったところ、犬と衝突した交通事故でした。

　裁判所は、Bは、タクシーの減速とともに、移動する白い小さい物体を認識しており、その時点で減速すれば衝突は回避できたとして、Bが車両を減速すべき義務を負うのに、これを怠った過失により交通事故が発生したと判断しました。

　また、Aについては、幹線道路に面した店舗内で犬たちの係留を外していたこと、犬たちが店舗を出て交差点に向っていくのをAと同居する母親が目撃しながら、連れ戻すための行動を即座にとっていないことから、母親には犬たちが車道に出ることのないように捕まえるべき義務があったが、こ

れを怠り、本件交通事故を惹起した過失が認められるとしました。そして、Aと母親が店舗で同居していたことから、母親は飼い主Aの占有を補助する者にあたるとして、Aにも同様の過失が認められるとしました。

そのうえで、BからAに対する自動車の修理費用の請求については、修理費は22万5876円であるとしましたが、A8割、B2割の過失相殺をして、2割を控除した18万0700円を認め、弁護士費用2万円を加えた20万0700円が最終的には認められました。

そして、AからBに対する犬の損害の請求については、パピヨンの死亡したことによる財産的損害15万円、火葬関係費用2万2000円、シーズーの治療費8万8205円、慰謝料10万円の合計36万0205円としましたが、A8割、B2割の過失相殺をして、8割を控除した7万2041円を認め、弁護士費用1万円を加えた8万2041円が最終的には認められました。

このように交通事故においては、双方に事故についての過失が認められ、それぞれに、相手方に対する損害賠償責任が認められる場合があります。

犬の飼い主としては、大切な犬が交通事故に遭ったとしたら、相手方が一方的に悪いと考えてしまうかもしれませんが、本件のように、犬が交差点に進入したことが事故の原因であると考えられて、犬の飼い主に事故の責任が認められてしまうこともあるのです。

裁判所が飼い主にも交通事故の責任があるとした判断は、大切な犬の命を守ることは飼い主の責任であることをあらためて認識させられる判断といえます。

《参考条文》民法709条・722条2項
《関係判例》（第1審）大阪簡裁平成17年8月26日判決（判例集未登載）

| 判例 42 | 交通事故に遭った犬について、通院治療費が損害として認められた |

東京地裁平成18年1月24日判決（交通事故民事裁判例集39巻1号70頁）

> **要旨** 自動車同士の接触事故で被害車両の助手席に同乗していた犬が軽度打撲の傷害を負い、飼い主が加害者に対し、2カ月通院したことによる治療費の支払いを求めましたが、裁判所は、治療費の全額ではなく、一部のみを交通事故と相当因果関係のある損害として認めました。

> **Point**
> 交通事故に遭った犬の治療費は、どの範囲まで交通事故と相当因果関係のある損害として認められるのか

　交通事故の加害者に不法行為に基づく損害賠償責任（民法709条）が認められた場合、交通事故と相当因果関係にある損害が賠償の対象となります。

　交通事故によって人間がケガをし、治療をした場合、治療費が損害賠償の対象となりますが、全額がその対象となるとは限りません。ケガの程度や症状、治療の必要性、治療の方法や期間、症状固定の有無などを踏まえ、交通事故と相当因果関係にある損害のみが賠償の対象となります。このことは、動物も同じと考えられます。

　本件では、自動車同士の接触事故発生時、飼い主は、被害車両の助手席に置いていた籠の中に犬を入れて座らせていて、接触時に強めにブレーキをかけたところ、籠が助手席から落ちてしまいました。事故の2、3時間後に犬が嘔吐をし、翌日に受診させたところ、軽度打撲と診断されました。獣医師からは、少し様子を見るために週1、2回来院してほしいと言われ、約1カ月間にわたり、7回通院をしました。7回目に獣医師からもう通院の必要はないと言われたのですが、その18日後に具合が悪そうに見えたため、別の病

[判例42] 交通事故に遭った犬について、通院治療費が損害として認められた

院に犬を受診させ、8回分の治療費合計4万0405円を請求した事案でした。

　裁判所は、獣医師の指示により通院を継続した7回分の治療費3万5385円は本件交通事故と相当因果関係のある損害と認めました。しかし、最後の1回については、獣医師から通院の必要がないと言われたことからすれば、本件事故との相当因果関係を認めることはできないといわざるを得ないと判断しました。

　飼い主としては、交通事故に遭った犬が具合が悪そうにしていれば、獣医師からはもう通院の必要はないと言われていたとしても、交通事故により何か悪影響があったのではないかと心配になり、病院に連れて行くのはごくごく自然なことだといえるでしょう。そのため、飼い主の立場からは、交通事故がなければ病院に行く必要がなかったと言いたくなるとは思います。

　ですが、裁判所が認める交通事故との相当因果関係というものは、そういった主観的なものではなく、ケガの程度や症状、獣医師の判断、治療の必要性など、さまざまな事情を踏まえて判断されるものなのです。

　なお、裁判例では、事故態様について争いがありましたが、裁判所は、被害者側には過失や落ち度はないとして、過失相殺は認めないと判断しました。ですが、犬を籠に入れて、助手席に置いておいたという乗せ方が、犬にとって安全で最適なものだったのかどうかについては、飼い主として、考えなくてはならないことではあると思います。

【《参考条文》民法709条】

> **コラム**　ペットは物か――日本の民法とドイツ民法との違い

わが国の法律では、動物はいわゆる「物」に含まれてしまいます（民法85条）。そして、命ある動物に配慮した条文は見当たらないのが現状です。ところが、動物福祉の先進国といわれているドイツでは、命ある動物に配慮した条文がいくつかあります。

まず、「動物は物ではない」と規定している条文があります（ドイツ民法90条a）。原則として、物に関する条文に準じて扱われていますが、特別の法律に従うこともあるとされており、物とは異なる扱いがなされることが前提とされています。

さらに、動物の所有者の権利を制限する規定があります。動物の保護のための特別な規定がある場合には、その規定に従うことになります。飼い主だからといって、動物に何をしてもよいと言えないことが明確に示されているのです（ドイツ民法903条2文）。

動物の治療費についても特別な規定があります。動物の価値を超えて治療費が発生したとしても、それは高額すぎるゆえに不必要だということにはなりません（ドイツ民法251条2項2文）。日本では、物の損害賠償においては、事故の時の時価を超えて損害を賠償する必要がないとされるのが原則とされています。動物の時価は評価しにくいことも、評価できても治療費をはるかに下回ることもあります。このような場合でもドイツでは治療費の請求が可能となっているのです。

これらのようにドイツでは、命ある動物に配慮した規定が存在しますが、わが国ではこのような規定はありません。わが国では民法が大きく改正され2020年4月1日より施行されますが、今回の改正でもこれらの規定は導入されませんでした。わが国でもドイツ民法を参考に法改正することは可能でしょう。

第5章

ペット飼育とマンション規約をめぐる裁判

判例 43	ペットを飼えるという説明を信じて新築分譲マンションを購入したところ、実際は規約上飼えなかったことについて、賠償請求が認められた

大分地裁平成17年5月30日判決（判例タイムズ1233号267頁）

要旨

Aは、ペットと一緒に暮らせるとの説明を信じて、新築マンションを購入しました。ところが、その後に完成したマンション規約では、動物の飼育が禁止となってしまいました。結局、大好きな犬を飼うことができなくなったAは、分譲販売業者を相手に損害賠償の訴えを起こしました。裁判所は、Aの主張を認めて慰謝料70万円を含む総額90万円の賠償を認めました。

Point

マンション規約におけるペット飼育の可否についてどれだけ具体的な説明が行われるべきか

　分譲販売業者の社員は、動物嫌いの買主Bにはペット飼育は禁止の物件だと説明して販売していました。買主Aにはペット飼育は可能と説明して販売しました。こうして、このマンションにはペット好きの人とペット嫌いの人が住むことになりました。その後、このマンションの管理規約を正式に決めることになったのですが、そこでは動物の飼育は禁止と決まってしまいました。もっとも、現在飼育しているペットについては1代限り飼育を認めるという細則が定められました。Aは、1代限りということで犬の飼育を続けていましたが、特例が認められた直後にその犬が死んでしまいました。これではAが可哀想ということで、特別に2匹目（2代目）を飼育してよいことになりました。ところがその後、管理組合の総会でこの2代目を認めた特例が問題となり、Aは犬の飼育をあきらめざるを得なくなりました。そこで、Aは、犬を飼育できなくなったことによる損害の賠償を求めて訴訟

[判例43] ペットを飼えるという説明を信じて新築分譲マンションを購入したところ、実際は規約上飼えなかったことについて、賠償請求が認められた

を起こしました。

　裁判所は、販売業者としては、ペットの飼育を希望している購入予定者に対しては、その後の管理組合の決議により飼育できなくなる可能性があることを説明すべき信義則上の義務があると判断しました。そして、犬を飼えなくなったＡの精神的な損害の賠償として70万円、２代目の犬の購入費の一部11万5000円の賠償などを分譲販売業者に対して命じました。

　新築マンションの場合は、ペットに関して飼育可能であると銘打っていない限り、ペットを飼えるかについては後にマンションの管理組合で決めることになります。ペットを飼育したい買主は、ペット飼育を前提としたマンションの構造になっているかを確認し、ペット飼育が確実と判断できる物件でなければ契約をすべきでないでしょう。

　販売業者は、後の規約決定でペット飼育の可否が決まるという不確定な要素についてまで具体的に説明すべきでしょう。

[《参考条文》区分所有法31条１項　　　　　　　　　　　　　　　　]

第5章 ペット飼育とマンション規約をめぐる裁判

判例 44　ペットの飼育を全面的に禁止する内容へのマンションの規約変更は、有効であると判断された

東京高裁平成6年8月4日判決（判例時報1509号71頁）

要旨　ペット飼育について明確な規約のないマンションで犬を飼育していたところ、管理組合の総会で「ペット飼育禁止」と変更されてしまいました。これを不服として裁判を起こしましたが、裁判所は、マンションでのペット飼育全面禁止の規約変更も有効と判断しました。

Point

マンションでのペット飼育の禁止の範囲をすべての動物に広げる決議は有効か

　このマンションの規約では、「動物の飼育はトラブルの最大の原因ですので一応禁止されています」とされており、ペット飼育を全面的に禁止する規約はありませんでした。ところが、管理組合の総会で規約が変更され「犬、猫、小鳥等のペット・動物類を飼育することを禁止」する規約に変更されてしまいました。

　ペットを飼育していたAは、この規約変更は無効だと主張しました。Aは、そもそもペット飼育を全面的に禁止する必要はなく無効だ、少なくとも不利益を受けるペットを飼育しているAの承諾が必要だとして争いました。ところが裁判所は、具体的な被害が生じていない場合に一律に禁止することも無効とはいえない、ペット等の動物の飼育は、飼い主の生活を豊かにする意味はあるとしても、飼い主の生活・生存に不可欠のものというわけではなく、犬がAの家族の生活・生存にとって客観的に必要不可欠の存在であるなどの特段の事情もないとしてAの主張を退けました。

　鳥などの小動物を含めすべての動物の飼育を禁止することを有効とした裁

[判例44] ペットの飼育を全面的に禁止する内容へのマンションの規約変更は、有効であると判断された

判所の判断は厳しすぎる気もします。しかし、現実には管理組合の総会でこのような変更決議が行われるとそれは有効でそれに従わなくてはならないことになります。マンション内で動物を飼育する場合は、他の人に迷惑がかからないよう細心の注意をする必要があるでしょう。動物臭や鳴声が廊下に漏れていないか、抜け毛が他の部屋のベランダに飛散してないか等注意を払う必要があります。そうしていないと、管理組合の総会で問題となり、動物の飼育を制限する決議が行われる可能性が出てくるからです。動物の飼育の全面禁止という議論が生じないよう日頃から他の居住者の理解を得るよう心がけましょう。

《参考条文》区分所有法6条1項・31条1項後段
《関係判例》（第1審）横浜地裁平成3年12月12日判決（判例時報1420号108頁）

第5章 ペット飼育とマンション規約をめぐる裁判

判例 45 マンションの規約に違反した人に対する犬の飼育禁止の請求が認められた

東京地裁平成27年4月9日判決（TKC）

> **要旨** マンションの規約変更で、現在飼育している犬猫について1代限りの飼育が認められました。Aは、2匹の犬を登録しましたが、その後に3匹目を飼い始めました。そうしたところ、管理組合から規約違反だとのことで訴訟が起きました。裁判所は、規約違反を認め、登録されていない犬の飼育の禁止を飼い主に命じました。

Point
① マンションの規約に違反したといえるか
② 裁判所は規約違反を理由に飼育を禁止できるのか

　このマンションでは規約上「小鳥・魚類以外の動物」を飼育することが禁止されていました。ところが、事実上犬や猫を飼う人が出てきて、規約の変更の要望が出ました。そこで、臨時総会が開かれ、1代限りのペットの飼育を許可するための細則が定められ、その時点で飼育している犬と猫に限り飼育が可能となりました。そこで、「動物飼育許可申請書兼誓約書」が作成され、飼い主Aは、2匹の犬を登録しました。その後Aは3匹目の犬を飼い始めてしまいました。3匹の犬を連れて散歩しているところを他の住民に見つかるなどして、マンションンの管理組合で問題となりました。管理組合は、規約に違反している、登録されていない犬の飼育の禁止を要請しましたが、Aは従いませんでした。そこで、管理組合が3匹目の犬の飼育禁止を求めて訴えを起こしました。Aは、犬猫も飼育できるように規約が改定されていると反論しましたが、裁判所はそのような規約変更は存在しないと判断しました。

[判例45] マンションの規約に違反した人に対する犬の飼育禁止の請求が認められた

　裁判所は、Aが規約に違反して3匹目の犬を飼育していることは明らかであり、すでに登録していた犬以外の犬を飼育してはならないとの判決を出しました。

　犬猫の飼育が禁止されているマンションンにおいて、実際には違反して飼育している人がいる場合の暫定的な解決策として1代限りでの飼育を認める規約を置くことはよくあります。犬猫の飼育禁止を無理やり強制して、飼い主から引き離すことは酷だと考えられます。1代限りとは、当然他の犬猫を増やさないという意味です。可愛さからさらに別の犬も飼いたくなることがあるかもしれませんが、規約に反して新たに飼い始めると問題になってしまいます。1代限りでの飼育が認められた場合はその規約を守ることが重要です。違反すると、裁判で負けてしまい、結果的にはそのマンションでは飼育できなくなってしまうからです。3匹とも飼い続けたいのであれば、引っ越しをすることも検討しなければなりません。

　Aの主張のように、犬猫の飼育が可能になる規約変更には、決められた手続が必要です。マンションの総会で犬猫の飼育が可能になる正規の改正手続を経た後で、3匹目の飼育を開始すべきだったといえるでしょう。

［《参考条文》区分所有法31条1項　　　　　　　　　　　　　］

第5章　ペット飼育とマンション規約をめぐる裁判

| 判例 46 | マンションの規約違反を理由として犬の飼育が差し止められた |

東京地裁平成23年12月16日判決（LLI/DB 判例秘書）

要旨

マンションの規約で「他の区分所有者に迷惑又は危害を及ぼすべき犬」の飼育が禁じられているところ、小型犬を飼育していた飼い主Aは、この規定に違反するとして、シーズー犬3匹のマンション内での飼育が差し止められました。

Point

① マンションの規約に違反したといえるか
② 他人に迷惑をかける犬とは、どう猛な犬に限り、シーズー犬を含まないか

　7階建てのマンションンに共住しているAは、シーズー犬を5匹飼育していました。規約では「他の区分所有者に、迷惑又は危害を及ぼすような動物（犬、猫、猿等）を飼育すること」を禁止しています。Aの部屋の近くで異臭がする、ペットの毛が飛散しているなどの苦情が出始め問題となりました。Aとマンションの管理組合との間で、簡易裁判所で話し合いが行われペット飼育が禁止されていることをお互いに確認し、Aは空気清浄機を使用し、頭数の減少に努めるなどの内容の和解が成立しました。しかし、その後も苦情はなくなることなく、Aは、管理組合の要請により、迷惑行為の改善、管理組合の改善指示を守ること、再び苦情が出た場合にはただちにマンション内でのペット飼育を中止する内容の誓約書を差し入れました。
　ところが、再び苦情が出て、本件訴訟にまで至ってしまいました。
　Aは、誓約書は書いた覚えがない、規約で禁止している「他人に迷惑又は危害を及ぼす犬」とは猛犬などに限られるべきであることや、自分は頭数

も3頭に減らし、体長30から40cm、体重5kgから7kgの小型犬は該当しないと反論しました。

　裁判所は、他人に迷惑または危害を及ぼす動物の例として犬を入れていること、動物アレルギーの者もいることなどから、この規約は特に猛犬の飼育を禁止しているとは解釈できないと判断しました。さらに、誓約書の効力も有効だとしました。そして、Aに対しマンション内で犬を飼育してはならないとの判決を下しました。また、規約に違反することを知りながら迷惑行為を行い、誓約書にも違反していることから、損害賠償として20万円の支払いも命じました。

　この判決の結果、Aは、このマンション内では1匹も犬を飼うことができなくなってしまいました。愛犬を手放せなければ引っ越しも検討しなくてはなりません。飼育禁止の動物の例として犬が例示されている規約において、猛犬だけに限定されるとのAの見解には無理があったことになります。何度も話し合いの機会があったのですから、根本的な改善策を実施して、再度苦情が出ることを防ぐべきだったでしょう。同じ部屋で過ごしていると愛犬の臭いは気になりませんが、犬嫌いの人にとっては異臭と感じることもあります。マンションでは、居住者が多いのでその中には犬嫌いの人やアレルギーのある人もいる可能性があります。動物臭が換気扇などを通じて他の部屋へ漏れることも考えられます。動物の臭いには十分注意しましょう。

[《参考条文》区分所有法30条　　　　　　　　　　　　　　]

コラム 日本初のペット

わが国のペット・愛犬の起源は、聖徳太子が飼育していた愛犬「雪丸」だとされています。雪丸は、雪のように白くそのうえとても賢く、聖徳太子と会話をすることができ、お経を唱えたとの話もあります。聖徳太子は、雪丸の死後に石像を作ったと伝えられ、奈良の達磨寺には雪丸由来の石像が安置されています。

雪丸像（撮影・渋谷寛）

コラム 義犬

渋谷駅のハチ公は忠犬として有名です。わが国で忠犬と名付けられたのはハチ公が最初のようです。忠犬ではなく義犬という犬が古くから存在します。

義犬としては、火に飛び込んだ華丸（はなまる）が有名です。華丸は、藩主の死に殉死した御主人（小佐々市右衛門前親）の火葬の際に、悲しい鳴き声を上げながら火の中に飛び込んだと伝えられています。慶安3（1650）年のことで、華丸の犬種は狆とのことです。

人々は、御主人を思う華丸の死を悼み、お墓を建てて供養しました。そのお墓は、日本最古の犬の墓とされており、長崎県大村市の本経寺にあります。

このような義犬塚は全国に多数存在します。

第6章

賃貸住宅とペットをめぐる裁判

判例 47	ペット飼育禁止特約のある賃貸物件で、仲介者が「内緒」で犬の飼育を認めてくれていたが、契約違反で明け渡すことになった

東京地裁平成7年7月12日判決（判例時報1577号97頁）

要旨

賃貸借契約書に「動物等の飼育禁止」の特約があることを知りつつも、仲介者が「内緒」で犬の飼育を認めてくれていたことに甘んじていたところ、大家が替わり、新しい大家は賃借人を、契約違反として提訴し、裁判所は明渡しを命じました。

Point

飼育禁止の特約のある賃貸借契約で、特例として犬の飼育が承認されていたか

　Aは、もともと犬を飼育していましたが、その家を出ることになり、犬を飼育できる物件を探し、本件共同住宅に出会いました。この物件の賃貸契約書には「賃借人は本件物件内及びその周辺において犬猫及びそれらに類する動物を飼育してはならない」との特約がありました。Aが犬を飼えますかと尋ねたところ、仲介者は「内緒」で認めますと答えました。その言葉を信じてAは、契約を結びました。その後、共同住宅の所有者が替わり契約書も変わりました。新しい契約書にも「賃借人は本件物件内で、犬猫家畜類その他の動物等の飼育をしてはならない」との特約がありました。Aは、その契約書を読みつつも修正も求めず再契約をしました。更新契約のときには、許可なく犬を飼育したときは即時解除となり強制退去となる旨の念書を差し入れました。その後、新しい大家の従業員が現地を見に来てAが犬を飼育していることが発覚しました。大家は、犬の飼育を禁止した特約違反だから、部屋を明け渡すよう裁判所に訴えました。

　裁判所は、それぞれの賃貸借契約にペット飼育禁止の特約があることを前

[判例47] ペット飼育禁止特約のある賃貸物件で、仲介者が「内緒」で犬の飼育を認めてくれていたが、契約違反で明け渡すことになった

提として、仲介者が「内緒」で認めると述べたことは、正規に認められていないことを意味し、A自身も正々堂々と飼えるものと理解していたわけではないこと、大家の方で特別に飼育を許可した証拠もないことから、特約違反としての解除を認め、Aに家屋の明け渡しを命じました。さらに、共同住宅においては犬の飼育を自由にすると、鳴き声、排泄物、臭い、毛などにより迷惑や損害を与えるおそれがあるとして、ペット飼育禁止の特約にも合理性があり、賃借人はこれを守らなくてはいけないと付け加えました。

最近では、ペット飼育が可能な賃貸物件が増えてきました。むしろ、ペットと一緒に暮らせることを売りにして賃貸している物件もあります。ところが、賃貸借契約に禁止の特約がある場合にはその特約は有効となります。ペットと一緒に住むのであれば、契約書の内容を正確に確認する必要があります。仲介業者が、契約の成立を焦り、あいまいな表現をする可能性もあります。賃貸借契約書の中に、ペット飼育にどのような特約があるのかをよく確かめるべきでしょう。そして、ペット飼育を制限する条項があれば、他の物件を探す、正式に飼育できるかどうか弁護士などの法律の専門家に相談する等しましょう。

なお、大家と交渉して、特例としての飼育許可をもらい、書面として残しておく方法もあります。

《参考条文》民法541条

| 判例 48 | 賃貸借契約を締結する際に仲介業者の担当者から得たペット飼育の承諾は無効であるとして、家屋を明け渡すことになった |

京都地裁平成13年10月30日判決（LLI/DB 判例秘書）

要旨　家屋を賃貸するにあたり、仲介業者の担当者から得た犬の飼育の承諾についての有効性が認められず、大家との信頼関係が壊れていないともいえないとして、契約違反によって賃貸借契約の解除が認められ、家屋を明け渡すことになりました。

Point
① 犬を飼育してもよいとの管理会社からの承諾が有効か
② 賃貸人（借主）と賃借人（大家）との相互の信頼関係を破壊するおそれがあると認めるに足りない事情があるか

Aは平成8年6月、建物内において動物を飼育しないことという特約のある賃貸借契約を締結しました。平成12年9月、大家は特約に違反して犬を飼っているAを見つけました。飼育を止めるよう催促しましたが、応じることがなかったため契約解除の通知を送りました。そして、契約違反による解除を理由に家屋の明け渡しの訴訟を起こしました。これに対しAは、本件家屋の管理会社の担当者から犬を飼育する承諾を得た、賃貸人と賃借人との相互の信頼関係を破壊するおそれがあると認めるに足りない事情があるから解除は無効だと反論しました。

もともとペット飼育禁止の賃貸物件でしたから、担当者から飼育の承諾がない限り賃貸借契約を結ぶことは考えにくいでしょう。裁判所はAが担当者から承諾を得た事実までは認めました。次の問題は、その担当者が犬の飼育に関して承諾を与える権限をもっていたかです。裁判所はその担当者に賃貸借契約締結の代理権限は認められるが、犬の飼育を許可する権限まではな

[判例48] 賃貸借契約を締結する際に仲介業者の担当者から得たペット飼育の承諾は無効であるとして、家屋を明け渡すことになった

いと判断しました。その結果、管理会社の担当者からの承諾は無効ということになりました。

　こうなると契約違反ということになり、次に解除の有効性が問題になります。本件の賃貸借契約は、ある程度長続きする継続的な契約です。賃貸借契約では、形式的な契約違反があったとしても、賃貸人と賃借人との相互の信頼関係を破壊するおそれがあると認めるに足りない事情がある場合には、解除するほどのこともなく解除はできないとする裁判例が確立しています。大家さんとの関係で信頼関係が完全に破たんしているのでなければ契約の継続をなるべく認めていきましょうとする考え方が働いているのです。

　本件ではどうでしょう。裁判所は、動物の飼育を禁止した条項の趣旨、すなわち、動物が部屋を損傷する、動物特有の臭いが部屋にしみ込みこれがなかなかとれず次の賃借人が入居を嫌うこと、近隣の入居者から動物の苦情がきて賃貸人が困るということを基準に判断することにしました。

　借主は、苦情はない、管理人も犬の飼育を黙認していた、ほかにも犬を飼育している人がいると主張しました。裁判所は、Ａが飼っている犬は愛玩用の小型犬ではなく中型犬である、吠えないような訓練を受けていない、家屋内には臭いがしみつき、また、掻き傷も苦情もあるという大家の主張を重視し、信頼関係を破壊しない事情はないとして解除の有効性を認めました。

　賃貸借契約を締結する際には、ペット飼育についての承諾が本当に有効なのかどうか、十分な確認をする必要があります。

判例	賃貸物件の退去時にペットの消毒費用として3万5000円が差
49	し引かれた

さいたま地裁平成22年3月18日判決（LLI/DB 判例秘書）

> **要旨**　ペット飼育可能な賃貸物件で、ペットを飼うということで賃料を通常よりも2000円、定額補修費を3万円増加させた賃貸借契約を締結して居住しました。賃貸借契約の終了後、掃除をして明け渡しましたが、ペットの消毒費として3万5000円を差し引かれることになってしまいました。

✋Point

① 定額補修金とはどのような性質の負担か

② ペットの消毒費を、預けたお金から差し引かれることに合理性があるのか

　入居者募集要領に、「大幅に……条件変更!!　礼金敷金￥0」、「定額補修費3万円 UP、　家賃2千円 UPで……福祉可!・ペット可!」と記載されている広告を見てAは賃貸を決意しました。Aは、家賃を2000円アップして3万3000円に、それとは別に定額補修費（敷金に似た預託金）を3万円アップして8万円を支払い契約しました。平成17年1月のことでした。3年5カ月住み続けたのち、引っ越すことになり、合意解約をしました。

　室内をきれいに掃除して明け渡したところ、大家は補修費として、①洋室クロス張替え5万4000円、②洋室のクッションフロアーの交換4万5000円、③ペットによる臭いをとるための消毒費3万5000円、④柱のキズ補修費2万円、⑤床のキズ補修費1万5000円、⑥クリーニング費2万5000円および消費税の費用（合計20万3700円）を支出して、本件貸室の原状回復をしたと主張し、入居時に差し入れた8万円の定額補修金を返還してくれませんでした。

[判例49] 賃貸物件の退去時にペットの消毒費用として３万5000円が差し引かれた

　ペット飼育可という前提で家賃を上げて借りていることからしてもＡは納得できません。Ａは、本件貸室の柱、クロスおよび床に汚損、破損を生じさせたことはない、本件貸室には表面上現れた柱は存在しないから、柱のキズは生じようがない、通常の清掃をしたうえで退去していると反論しました。そして、大家が主張する汚損・破損は、増額された賃料で負担されるべき通常の損耗であり、本件賃貸借契約では、ペット飼育を理由として月額2000円が賃料に加算されているのであるから、ペット飼育による賃貸物件の劣化や価値の減少については、賃料によって賃貸人が負担すべきであり賃借人でありＡが負担すべき費用にはあたらないと主張し、８万円の返還を求めて訴訟を起こしました。

　裁判所は、定額補修金については、敷金や保証金とも異なるが敷金に類似した預託金だと判断し、補修費に費やした額に残りがあれば返還すべきだとしました。

　返還すべき金額については、本件ではペット飼育をすることを前提に定額補修金が増額されていることからして、ペットによる消毒費を差し引くことについては借主Ａも合意していたと認定しました。そして、大家が主張する多数の補修費のうちペットに関連する消毒費（３万5000円）だけを差し引いた残額の返還を命じました。

　以前に比べ、ペット飼育可能な賃貸物件は増えています。ただし、賃料などの負担も増加しています。入居時に、どのような補修費が差し引かれるのか細かく確認しておくことが必要です。

| 判例 50 | 猫を飼育していたことによる修繕費用として、敷金からクリーニング代を差し引くことが認められた |

東京簡裁平成17年3月1日判決（LLI/DB 判例秘書）

要旨　ペット飼育可能な賃貸物件を明け渡す際、敷金から、洋間壁クロス張替え工事と室内脱臭処理費が差し引かれることが認められました。

Point
ペット飼育をしている場合、敷金はどの程度戻ってくるのか

　Aはペットの飼育が可能な賃貸物件を借り、敷金23万4000円を差し入れ、猫5匹を飼っていました。契約書には、特約条項としてペットの飼育を許可するが、解約時に室内クリーニング代のほかに原状回復費用（脱臭作業を含む）をAが負担する旨の記載がありました。

　解約時に、大家は、Aが猫を飼育していたために、原状回復（修繕）費用として35万8050円を支出したので敷金は返還できないと主張してきました。Aは、通常の損耗であり返還されるべきと主張し訴訟になりました。

　一昔前は大家の立場が強く、退去以後の多額の修繕費を敷金から差し引き、事実上敷金が戻ってこないという事例がほとんどでした。しかし、最高裁判所は、平成17年に新しい判断を示しました。それは「修繕代金は、そのすべてを借主が負担すべきものではなく、当事者間に特約がなければ、借主が本件居室を故意又は過失によって毀損したり、あるいは借主が通常の使用を超える使用方法によって損傷させた場合には、その回復を借主の負担とするが、借主の居住、使用によって通常生じる損耗については、その回復を借主の負担とするものではないと解するのが相当である」というものです。すなわち、通常の生活をしていた場合、ことさら汚したのでなければ、敷金は全額返還

[判例50] 猫を飼育していたことによる修繕費用として、敷金からクリーニング代を差し引くことが認められた

されることを示したのです。また、ことさら借主が負担することになる費用については大家側に立証責任があることになりました。

　本判決でも、この基準が前提になり判断されました。大家が支払った修繕費用のうち、特にＡが猫を飼育していたことから負担すべき費用は、洋間壁クロス張替え工事3万7700円と室内脱臭処理1万5000円の合計額5万2700円および消費税分2635円（合計5万5335円）にすぎないと判断されました。この原状回復費用を敷金23万4000円から差し引いた敷金の残額である17万8665円は返還すべきことになりました。

　特約事項としてペット飼育が認められる場合、入居時にどのような修繕費用が敷金から差し引かれるのかよく確認しておく必要があり、できるならば、差し引かれる修繕費用の内容についても特約で定めておくことがよいでしょう。退去時にも、大家の立会いのもとで、どの程度の修繕が必要であるか確認し、さらに、敷金から差し引かれることになるのかどうか話し合うことが望ましいでしょう。

［《関係判例》最高裁平成17年12月16日判決（判例タイムズ1200号127頁）］

判例 51 マンション内で飼育していた大型犬が他の居住者に咬みつき、その居住者は恐怖のため引っ越してしまったところ、飼い主に対し、大家が得られるはずであった賃料相当額の賠償責任が認められた

東京高裁平成25年10月10日判決（判例時報2205号50頁）

要旨 高級マンションの敷地内で飼育していたドーベルマンが他の部屋の居住者に咬みついたところ、その居住者が恐怖のため引っ越してしまった場合、飼い主は次の入居者が見つかるまでの間の賃料相当損害金を賠償しなければならないとの判決が出ました。

Point
① 飼育が許される小動物にドーベルマンが含まれるか
② 咬まれた被害者が引っ越した後の空室の家賃分まで賠償する必要があるのか

　本件咬傷事件は、マンション内で6歳の子どもにドーベルマンを散歩させたことにより生じました。ドーベルマンが子どもの手を払い、上階へ行き、そこを歩いていた他の部屋に住む4歳の子どもの足に咬みついたというものです。

　このマンションは都心にあり、芸能人も住む高級マンションで、賃料は月あたり175万円もします。規約では、「居室内で飼育できる小動物」の飼育は禁止されていませんでした。裁判所は、このような規約が設けられた趣旨からしてドーベルマンは小動物にあたらず、飼育していたこと自体が規約違反だとしました。

　また、咬みつかれた子どもの家族は、そのことが恐怖となり居住を続ける精神状態ではなくなり引っ越さざるを得ませんでした。

　そこで、大家は、飼い主に対し、得られたはずの賃料相当額の損害賠償請求をしました。裁判所は、規約に違反した犬を飼育し、さらにマンション内

[判例51] マンション内で飼育していた大型犬が他の居住者に咬みつき、その居住者は恐怖のため引っ越してしまったところ、飼い主に対し、大家が得られるはずであった賃料相当額の賠償責任が認められた

で咬傷事件を起こしたことにより、本件マンションの区分所有者、居住者その他の関係者の生命、身体、財産の安全を確保し、快適な居住環境を保持するという利益が侵害されたと判断しました。そして、次の入居者が見つかるまでの空室となった9カ月分の家賃などの損害約1700万円の賠償を飼い主に命じました。

　高級マンションだとしても当然に大型犬の飼育が認められるわけではありません。マンションの規約をよく調べ、大型犬の飼育が可能かどうかは事前に調べておく必要があります。仮に大型犬の使用が許容されるマンションだとしても、6歳の子どもに1人で散歩させるのは問題があると考えられます。6歳の子どもが大型犬をコントロールできるとは限らないからです。東京都のペット条例でも、散歩について「犬を制御できる者」が行うこと必要とされています（同条例9条）。大型犬の散歩には大人が十分な配慮をすべきです。

　ちなみに、第1審（地方裁判所）は、賃貸借契約の解約違約金2カ月分（385万円）が本件の損害だとしていました。本判決（高等裁判所）は解約金ではなく空室になったことの家賃分が損害だと変更し、賠償額を引き上げました。

《参考条文》東京都ペット条例9条
《関係判例》（第1審）東京地裁平成25年5月14日判決（判例時報2197号49頁）

> **コラム**　**災害とペット①──避難をめぐる飼い主の責任**

　大規模災害が発生するたびに、多くの方が避難生活を余儀なくされていますが、避難が必要なのは、人間だけではなく、ペットも同様です。

　東日本大震災では、避難時にやむを得ないペットの置去りが多発し、また、ペットを同行避難しても、避難所にペットの受入れを拒否されるなど、ペットの避難は十分に実現しませんでした。

　そこで、環境省は、「災害時におけるペットの救護対策ガイドライン」（2013年）を作成し、自治体に対し、ペットの救護体制の整備や避難所にペット同伴者専用の部屋や専用スペースなどを設置することを提案しています。

　また、同ガイドラインでは、飼い主が行うべきこととして、ペットを同行避難することや災害避難時における飼育管理のために、平常時からペットのしつけや健康管理、迷子にならないためのマイクロチップ等の利用、ペット用の避難用品等の確保などについて準備しておくことが紹介されています。

　熊本地震では、飼い主が狂犬病の予防接種やノミ・ダニ予防を怠っていたために、避難所や一時保護の施設にペットの受入れを拒否された事例があったとの報道がありました。

　ペットのためにも、日ごろから飼い主としての責任を果たしておく必要があります。

> **コラム**　**災害とペット②──東日本大震災における原発事故の補償**

　東日本大震災およびこれに伴う原発事故では、数多くのペット、動物たちが置き去りにされて死亡したり、安楽死処分されてしまいました。

　原発事故については、原子力損害賠償紛争解決センターにおいて、損害賠償に関する和解の仲介手続が行われています。

　原発被災者弁護団のホームページでは、和解事案として、飼い猫の死亡について夫婦に各5万円の慰謝料を認めた事案や、1カ月愛犬を置き去りにしてきたこと、その後愛犬を親戚宅に預けておかねばならない状況、その親戚に世話の費用として月1万円を払っている状況を総合して、避難に伴う慰謝料を3万円増額した事案などが紹介されています。

第 7 章

餌やり等による近隣トラブルの裁判

判例 52 タウンハウスの部屋内および外での猫への餌やりが禁止された

東京地裁立川支部平成22年5月13日判決（判例時報2082号74頁）

要旨　タウンハウスの住人が、自宅内で猫1匹を飼い、外にいる複数の猫に餌を与えていました。近隣住民から糞等の被害があると苦情が出て、管理組合が規約違反を理由に、近隣住民が人格権を理由に、猫に対する餌やりの禁止と損害賠償を求めたところ、いずれも認められました。

Point
① 本件タウンハウスの部屋内で猫を飼うことが規約違反となるか
② 餌を与えるなという差止めが認められるか
③ 近隣住民の損害賠償請求は認められるか

猫好きのAは、タウンハウス（集合住宅の一つ）の自室の庭で猫が6匹生まれたこともあり、平成14年頃から庭で餌やりを始めました。一番多いころには18匹の猫がこの餌やりに集まってきました。Aは、餌を与えるだけでなく、凍死しないように段ボールやバスタオルも設置し、猫用トイレも用意しました。

近隣では、多くの猫のために、糞尿被害、悪臭、ハエの発生、ゴミの散乱、自動車の傷、抜け毛が飛散し不衛生、植木鉢の損傷などの被害が多数生じました。

管理組合は、7回にわたり是正勧告を行いましたが、Aは動物愛護等を理由に餌やりを止めませんでした。調停も不調となり、裁判になってしまいました。

裁判では、管理組合は、他の居住者に迷惑を及ぼすおそれのある動物を飼

育しないことという規約があることから、猫を飼育することが規約違反になることを前提に、タウンハウスの敷地内だけでなく自室内での餌やりの禁止をも求めました。

裁判所は、猫を飼育することは、本件のように多数の迷惑が生じていることもあり、他の居住者に迷惑を及ぼすおそれのある動物を飼育することにあたり、規約違反と認定しました。許されるのは小鳥や金魚等の飼育であり、小型犬や猫の飼育を含む趣旨ではないとしました。外で餌を与えている外猫についても、餌やりだけでなく、段ボールを置き住家を提供しているとして、野良猫ではなくＡが飼育していると認定しました。そして、建物の内外を問わず、室内飼いしている猫と屋外で飼育している猫双方への餌やりの禁止を認めました。さらに、管理組合に対して30万円の損害賠償を支払うことも命じました。

また、近隣住民は、人格権侵害という不法行為を理由に猫への餌やり禁止を求めました。外飼いの猫への餌やりによる、糞尿などの被害は継続しており、裁判当時には猫の数が減少したとしても、個人としての受忍限度を超えた被害であり、人格権侵害を認め、テラスハウスの敷地内での餌やり禁止を認めました。近隣住民とＡ宅との距離、居住歴などを考慮し、１人あたり３万6000円から15万6000円の損害賠償を認めました。

外にいる猫に対して継続的に餌を与え住家まで提供している場合には、野良猫ではなく、飼育している猫と判断されることになります。飼育している猫が、他人に迷惑をかけた場合はその損害を賠償する責任が生じます。本件では、さらに人格権侵害として、餌やり禁止まで認められた珍しい事例といえるでしょう。

《参考条文》民法709条、区分所有法６条・30条・57条

第7章 餌やり等による近隣トラブルの裁判

判例 53 闘犬の吠え声による騒音被害が受忍限度を超えるとして慰謝料等の請求が認められた

浦和地裁平成7年6月30日判決（判例タイムズ904号188頁）

要旨　隣地で飼育されている5頭の闘犬の吠え声がうるさく不法行為として訴訟を起こしたところ、受忍限度を超えるものだとして、慰謝料30万円の支払いと高すぎる塀の撤去は認められたものの、闘犬の撤去は認められませんでした。

Point
① 犬の鳴き声が違法・有責として慰謝料が認められるか
② 境界線近くに建てられた高い塀の撤去は認められるか
③ 人格権に基づく闘犬の撤去請求は認められるか

　Aの隣地では、Bが闘鶏や闘犬（アメリカン・ピット・ブル・テリア）を飼育していました。動物の吠え声がうるさいので、近隣住民に呼びかけ署名活動を行い、ときには警察官を呼んだこともありました。夜間には管理者がいなくなり、野犬が迷い込んだ時は長時間吠え続けたそうです。Bは闘鶏の飼育を止めましたが、闘犬5頭の飼育を続けました。Bは、もともとあった約2ｍの塀の代わりに防音設備と称して、境界線近くに5.4ｍもの巨大な塀を設置しました。そのため、Aの家には陽がささず通風も悪くなるなどの影響がでました。Aは調停を申し立てましたが、Bが闘犬および塀の撤去に応じないため不調に終わりました。そして、Aは不法行為に基づく損害賠償（慰謝料請求）、人格権侵害に基づく闘犬および塀の撤去を求めて訴訟を起こしました。

　裁判所は、闘犬の吠え声の違法性については、騒音に関する一般論である受忍限度論を採用しました。受忍限度論とは、その行為による被害につき、

[判例53] 闘犬の吠え声による騒音被害が受忍限度を超えるとして慰謝料等の請求が認められた

その加害行為の性質・程度、被害の内容・程度、地域状況、加害者側の被害回避努力の内容・程度、その他の諸般の事情に照らし、被害者において、一般的に社会生活上、受忍すべき限度を超えていると評価しうるかどうかを判断する理論です。

裁判所は、檻に飼育されている闘犬は、昼間はほとんど吠えることはなかったが、朝夕の食事時には必ず吠え、また、それ以外にも朝夕の時間帯を中心に吠えることが多く、時々、深夜に吠えることもあり、しかも、ときには複数の闘犬が同時にあるいは交互に、かなり長時間吠え続けることもある、Aはこれによって日常生活の安らぎを乱され、ときに安眠を妨げられたにもかかわらず、Bは騒音を防ぐ真摯な努力をしたとは認められない、もっとも本件土地では近くを頻繁に電車が通ることから閑静な住宅街とまではいえない等の諸事情を総合的に考慮して、社会生活上一般的に受忍すべき限度を超える被害を受けているといえると判断しました。そして6年間の精神苦痛に対する慰謝料として30万円の支払いが命じられました。また、塀については2m超える部分について撤去が命じられました。

ところが、闘犬の撤去については、吠え声の減少による被害の軽減が可能であることを理由に、認められませんでした。

闘犬自体の排除は認められなかったので、Aとしては今後も不安が残るのではないでしょうか。また、慰謝料の額も1年分に換算すると5万円であり決して高額が認められたとはいえないでしょう。吠え声の騒音問題は今後も後を引きそうです。

[《参考条文》民法709条]

第7章　餌やり等による近隣トラブルの裁判

| 判例 54 | 野良猫に対する餌やりによって糞尿被害が生じたところ、慰謝料請求が認められた |

神戸地裁平成15年6月11日判決（判例時報1829号112頁）

要旨　近隣住民が野良猫に餌やりをして野良猫が集まり放尿・糞尿などの被害が生じたとして、野良猫に餌を与えていた近隣住民に対して各自金20万円の慰謝料を支払うように命じました。

Point
① 野良猫に対する餌やりは違法か
② 餌やりが違法だとした場合の慰謝料額はいくらか

　Aは、近所に住む大家よりお店を借りて居酒屋を経営していました。平成12年の秋頃から大家は、交通事故で負傷した猫の介抱をし始め、餌をやり始めました。このことが原因となり野良猫が4匹ほど集まるようになりました。その後も徘徊する猫は増え平成13年には10匹に達しました。大家は、負傷した子猫の排泄用の砂を入れた箱を自宅前の路上に設置して、砂を1日おきに替えていました。近隣には大家以外にも野良猫に餌を与える住民がおり、悪臭が漂い、Aが糞尿の後始末をすることもありました。そもそも猫が嫌いなAの不満は増大しました。Aは、大家を相手に調停を申し立てましたが、逆に大家が一方的に裁判を起こされたと憤慨しました。大家は、Aの申立てを誹謗する活動を近所で行いました。
　調停は不調に終わり、Aは大家と餌やりをしている近隣住民等に共同の不法行為が成立するとして本件訴訟を起こしました。
　裁判所は、大家や近隣住民が野良猫に餌やりしたことが原因で、野良猫が集まり、糞尿などの被害が生じていることを認めました。そして、「世の中には様々な嗜好の人々が存在し、猫等の小動物を好む人も多く存在する。こ

うした嗜好に基づく行動の自由はできる限り尊重されるべきではあるが、一方で猫、特にその糞尿等による臭いを嫌う人も多く存在し、現代社会、特に都会においては、このような他人に不快感を与えないようにする配慮も当然要請される」として猫嫌いな人への配慮の必要性を説きました。本件のように「近くに猫嫌いの人がおり、自分が野良猫に餌を与えることにより付近に野良猫が集まるようになり、その結果、野良猫の糞尿により猫嫌いの人が大きな不快感を味わっていることを認識できる場合には、野良猫への給餌を中止すべきである」との判断を示しました。そして、給餌を続ける行為は、野良猫による被害が受忍限度を超えるものである以上は違法であるというべきであるとの結論に至りました。

　慰謝料としての損害額については、大家たちが本件訴訟の提起後は野良猫への餌やりを止めたこと、Ａがこのトラブルが原因で居酒屋を廃業することになったこと等を考慮して、大家と餌やりをしていた近隣住民に各自20万円を支払うように命じました。

　本件訴訟では、このほかに大家が行ったＡを誹謗する行動について名誉棄損と判断して30万円の慰謝料請求も認められています。

　野良猫も餌がないと可哀想と思い餌を与えたくなる気持ちはよくわかりますが、司法の判断としては、猫嫌いな人へ不快感を与えない配慮も欠かせないとしています。野良猫への餌やりは、本件のような訴訟沙汰に発展しないよう十分な配慮が必要でしょう。

《参考条文》民法709条・719条

| 判例 55 | 閑静な住宅街において、近隣住民の飼う犬の鳴き声による慰謝料請求として、1人あたり30万円の賠償請求が認められた |

東京地裁平成7年2月1日判決（判例時報1536号66頁）

> **要旨**　閑静な住宅街において、Aの住むマンションと道路を隔てたB宅で飼われる4匹の犬が吠え続けたことについて、B宅の飼い主に対し、精神的苦痛の損害として各30万円の慰謝料の支払いが命じられました。

Point
① 犬の鳴き声は受忍限度を超えているか
② 鳴かせていた飼い主に注意義務違反はあるか
③ 受忍限度を超えた場合の慰謝料額はいくらか

　Aは、昭和35年から閑静でかつ高級な住宅地に建つマンションに住んでいました（Aが住んでいるマンションの他の部屋の月額賃料は160万円（当時）でした）。このマンションの道路を隔てた斜め前のB宅では、ピレニアンマウンテンドック2匹、柴犬と紀州犬の4匹の犬を飼育していました。もっともAとB宅の間では昭和49年以来、いわゆる近所付合いは全くといっていいほど行われていませんでした。Aにとっては平成2年頃から4匹の犬の鳴き声がうるさく感じられるようになりました。ほぼ連日、朝方および夕方から夜にかけて鳴いていました。そこで、Aは、区役所に隣人9名の署名付きの嘆願書を提出しました。所轄の保健所や警察署へも苦情を申し立てました。保健所では、B宅を訪問して「鳴き声には気づいているので、対策として、鳴き続けないよう犬の所に行って止めるようにしている」との回答を得たとのことですが、一向に改善されませんでした。そこで、Aは本件訴訟を起こすことにしました。

[判例55] 閑静な住宅街において、近隣住民の飼う犬の鳴き声による慰謝料請求として、1人あたり30万円の賠償請求が認められた

　裁判所は、B宅の4匹の飼い犬は、遅くとも平成3年1月から本件訴えを提起するに至るまで、連日、一定時間断続的に鳴き続け、その時間が夜間または朝方にかかることが多かったこと、Aの対応をことさら過剰なものとみなす事情もうかがえないことから、B宅の飼い犬の鳴き声は、近隣の者にとって受忍限度を超えたものであると認めました。

　さらに、住宅地において犬を飼育する以上、その飼い主としては、犬の鳴き方が異常なものとなって近隣の者に迷惑を及ぼさないよう常に飼い犬に愛情をもって接し、規則正しく食事を与え、散歩に連れ出し運動不足にしないこと、また、日常生活におけるしつけを行い、場合によっては訓練士をつける等の飼育上の注意義務を負うという基準を示し、B宅の飼い主はこれに違反していると判断しました。

　受忍限度を超えた鳴き声によるAの精神的苦痛に対する慰謝料の額については、飼い犬の鳴いている時間帯および長さ、犬の鳴き声というよりは飼い主の近所付合いのなさという人間対人間の問題が根本にあると考えられること等を考慮して、B宅の飼い主に各30万円の支払義務があるとしました。

　この訴訟では、住宅地における犬の飼い主の義務が明らかになりました。住宅地で複数の犬を飼う場合には近隣の人に迷惑をかけないよう十分な注意が必要です。

〚《参考条文》民法709条・719条〛

判例 56 野良猫への餌やりに、56万円の賠償責任が認められた

福岡地裁平成27年9月17日判決（LLI/DB 判例秘書）

要旨

自宅および庭で野良猫に餌を与え、周囲に居着かせて、隣接する原告宅の庭に野良猫の糞尿被害を発生させた者に対して、慰謝料50万円等総額約56万円の支払いが命じられました。

Point

① 野良猫に餌を与えていたか
② 餌を与えることと損害との間に因果関係は認められるか

　Aの隣に住むBは、B宅の玄関先に、少なくとも平成25年春頃から同じ年の12月頃までの間に、餌や寝床とみられる段ボール箱を置くなどして、周辺に成猫1頭・子猫3頭の野良猫を居着かせてしまいました。糞尿被害を感じたAは、野良猫の侵入を防ぐためにネットを張り、糞尿まみれの庭の砂を取り替え、糞尿のために枯れたと思われる植木の植替えをしなければなりませんでした。Aは、行政機関に苦情を訴え、Bに対し行政指導をしてもらいました。保健所の職員がBに、①今後飼い猫としてすべての猫を室内で飼育する、②猫を捕獲し、保健所に引取り依頼をする、③今後一切、野良猫に餌を与えないという3つの案を示したところ、Bは③案を選択した経緯があります。しかし、その後もBは野良猫への餌やりを続けました。Bは裁判では、餌やりはほんの数回しかしていない、野良猫捕獲のために与えたと反論しましたが、裁判では認められませんでした。

　裁判所は、Bの野良猫に対する餌やりについて、Bの行動は、野良猫を愛護する思いから出たものとうかがわれ、そのような思いや行動は、それ自体が直ちに非難されるべきものではないとし、可能な限り尊重されるべきと

はいえるとしつつも、他方で、近所付合いにおいては相互に生活の平穏その他の権利利益を侵害しないよう配慮することが求められるのであって、餌やりによって野良猫が居着いた場合、その野良猫が糞尿等により近隣に迷惑や不快感その他の権利利益の侵害をもたらすことがある以上、そのような迷惑が生じることがないよう配慮することが当然に求められると判断しました。

　すなわち、裁判所は、Ｂは、餌やりをすれば野良猫が居着くことになることや、その結果として近隣に迷惑を及ぼすことは十分に認識し得たはずであるから、損害の賠償をすべきだと判示したのです。

　損害の範囲について、裁判所は、野良猫侵入防止用のネット設置費用の8100円とＡが精神的に苦痛を味わったことに対する慰謝料50万円、それからＢが負担すべき弁護士費用として５万円の損害があることを認め、総額約56万円の賠償をＢに命じました。

　お腹をすかせた野良猫に餌をあげたくなるところですが、野良猫が居着き、他人への迷惑が発生すると、損害賠償の責任を負う場合がありますので、注意が必要です。

【　《参考条文》民法709条　　　　　　　　　　　　　　　　　　　】

> **コラム**　ドイツのティアハイム

　ティアハイムとは、動物の家という意味です。飼えなくなった動物を引き取り、里親が見つかるまで保護する施設です。これは、公営の施設ではなく民間により運営されています。

　歴史は古く、19世紀中ごろから続く施設もあり、主要な都市に約500カ所も存在しています。

　運営の財源は、寄付、遺贈、市町村からの助成金、会員の会費、里親からいただく譲渡料などです。

　わが国と異なり、殺処分のためのガス室はありません。病気などのために安楽死させることはあるそうですが、原則として里親が見つかるまで保護します。高齢化するなど、もらい手がいなくなった場合には、「最後の楽園」と呼ばれる別の施設に移し、死ぬまで面倒をみるそうです。

ティアハイムの外観
（撮影・渋谷寛）

第 8 章

ペット取引の裁判

| 判例 57 | ペットショップへ自動車が突っ込んで店舗が損壊したため休業した場合、生き残った若いペットが販売できないまま月齢を重ねたとしても商品損害として賠償の対象にはならない |

東京地裁平成23年11月25日判決（自保ジャーナル1868号132頁）

要旨

Ｂの運転する普通乗用自動車がＡの経営するペットショップ店舗に突っ込み、店内のペットが犠牲になった交通事故について、生き残った犬猫については売る機会を逸したことはなく、何の賠償も必要ないとしました。

Point

交通事故によりペットショップを一時閉店することになった場合、生き残った犬猫の仕入れ原価を賠償する必要があるか

Ａは、犬猫や小動物の販売をするペットショップを営んでいました。事故は突然起こりました。運転を誤ったＢの普通乗用車が、アクセルを踏み込んだままの猛スピードで突っ込んできました。平成21年3月11日午後8時30分ころの出来事です。店のシャッターも壊れ、店内の商品は大破し、店内の温度管理は不能になり直後にウサギとハムスターは死亡してしまいました。幸い29匹の犬・猫にはケガはありませんでした。Ａの店舗は、事故後133日（4カ月半）でリニューアルオープンしましたが、その間生き残った犬猫を販売する機会を逸し、生後間もない犬猫も育ってしまい売れにくくなったとして、ＡはＢに対し、損害賠償請求訴訟を提起しました。そして、これらの犬猫の仕入れ原価の合計である143万円が損害だと訴えました。Ａは、やむなく犬・猫の生体については、馴染み客に連絡し、店舗損壊による休業のために販売の機会を逸したとの説明をし、無理を言ってほとんど無償で引き取ってもらったとも主張しました。

これに対しＢは、本件事故によって犬・猫は直接にケガもせず、価値は

減少していないから、本件事故と相当因果関係のある損害とは認められないと反論しました。

　裁判所は、犬・猫は生後月齢の少ないほど人気が高く、生後４、５カ月を超えると売れにくくなることを前提として認めました。しかし、29匹のうち16匹については、すでに生後５カ月を超えており、本件事故前からすでに売れにくい状態になっていたといえるところ、それでもなおリニューアルオープン後に売れた生体もあること、生後４カ月までの13匹については、リニューアルオープン後には生後５カ月を超えてしまうことになるが、本件事故による店の休業が原因で販売機会を逸し、商品価値を失ったとまではいい難いとして、商品としての損害を認めませんでした。

　生後４カ月を過ぎると売れにくくなることがあることを認めつつも、実際リニューアルオープン後にも売れた犬猫がいたこと等を重視し、成犬・成猫になっても商品として売れると判断し、商品価値としての損害とは認定しなかったのです。

　動物愛護管理法の改正で、ペットショップでの幼齢な犬猫の販売について規制が加えられました（同法22条の５）。子犬や子猫の可愛さだけで購入する者への戒めとも読めなくもない判決です。

【《参考条文》民法709条・719条、動物愛護管理法22条の５　　　　】

第8章 ペット取引の裁判

判例 58 ブリーダーから犬を購入したところ、パルボウィルスにり患しておりすでに飼育していた犬も含めて死亡してしまったことについて、賠償請求が認められた

横浜地裁川崎支部平成13年10月15日判決（判例時報1784号115頁）

要旨

ペットショップを開店し犬種を揃えるためにマルチーズ犬を購入したところ、数日後にパルボウィルスが発症し、すでに飼育していた他の犬も死亡した事例で、売買契約の解除および拡大した損害の賠償が認められました。

Point

① 購入したマルチーズは、Aへの売却前にパルボウィルスに感染していたか
② Aが行った売買契約の解除は有効か
③ Aがすでに飼育していた犬の死亡は拡大損害として相当因果関係の範囲内か

Aは、ペットショップを経営していました。そして、新たに平成11年2月支店をオープンしました。犬種を揃えるために、ブリーダーのBよりマルチーズを購入することになりました。平成11年3月8日午後0時20分ころ、代金を支払い、引渡しを受けました。そのマルチーズが、翌9日午後8時頃、Aの自宅で、胃液のようなものを嘔吐しました。Aは、本件マルチーズがその後も吐いたので、Bに電話して、嘔吐したこととパルボウィルスの疑いがあるのではないかということと、本件マルチーズを引き取ってほしいことを伝えました。Bからの返事は「生ものだから引き取れない」というものでした。同月10日午前11時ころ、本件マルチーズを動物病院に連れて行き、獣医師の診察を受けました。獣医師は、同年3月9日午後8時ころの嘔吐をもって、パルボウイルスの発症と捉えられると診断しました。治療の甲斐な

[判例58] ブリーダーから犬を購入したところ、パルボウィルスにり患しておりすでに飼育していた犬も含めて死亡してしまったことについて、賠償請求が認められた

く、本件マルチーズは同月15日に死亡してしまいました。

　Aは、獣医師の指導のもとパルボウィルスに効く消毒薬を使い犬小屋などを消毒しました。ところが、マルチーズが嘔吐した場所を他の犬が歩いたりしたため、感染はとどまることなく、すでに飼育していた他の犬数匹が感染して死亡してしまいした。

　Aは、同年4月6日、Bに対し、本件売買を解除する意思表示をし、売買代金の返還およびその他の拡大損害の賠償を求めました。これに対し、Bは、すべての責任を否定して、賠償する意思がないことを返答しました。

　裁判所は、同年3月8日午後0時20分にAが本件マルチーズの引渡しを受けた後の31時間40分後にパルボウィルスを発症したこと、本件マルチーズがり患していたパルボウィルスの潜伏期間が2日間（48時間）とされている腸炎型のパルボウィルスであることから、Aに引き渡した時にはすでに感染していたと認定しました。

　さらに、Bは、健康で病気にり患していない動物を売り渡すという売買契約の基本的義務に反していたといわざるを得ず、これにより、Aは、本件マルチーズを死亡により失い、転売という売買の目的を達成することができなかったものであり、本件売買の解除の意思表示は有効なものだと判断しました。

　また、他の犬が死亡した拡大損害についても、パルボウィルスを発症した犬がいる環境での感染力は極めて強いものであること、業者間ではこのような損害の拡大も予測しうることなどを理由に相当因果関係を認め、総額103万円の損害賠償を命じました。

　動物愛護管理法では、動物の所有者または占有者の責務として、動物に起因する感染性の疾病について正しい知識をもち、その予防のために必要な注意を払うように努めなければならないとしています（同法7条2項）。動物が感染症にり患していないかを細かく観察することも重要です。

【《参考条文》民法543条・415条】

判例 59

オウム病にかかったインコを買った買主の家族が死亡したことについて、売主に高額の賠償責任が認められた

横浜地裁平成3年3月26日判決（判例時報1390号121頁）

要旨

大型スーパーのペットショップからオウム病クラミジアを保育するインコをそれを知らずに購入したところ、家族がオウム病性肺炎にり患し死亡したところ、大型スーパーに損害賠償責任が認められました。

Point

① 購入したインコの病気が家族にうつり死亡した場合、購入者ではない家族の死亡の損害についてまで賠償を請求できるか

② ペットショップが大型スーパーの店舗の屋上に店を出している場合、大型スーパーに対しても損害賠償請求できるか

　Aは、大型スーパーの屋上に店を出しているペットショップから、手乗りインコの雛2匹を買って自宅に持ち帰り、家族で飼育していました。購入してから1週間してからインコが餌を食べなくなり、1カ月後には2匹とも死んでしまいました。同時期に家族のうち数人が風邪のような症状になり、そのうちAの母親は39度の熱と食欲不振となり、通院しても改善せず、衰弱が顕著となり購入の2カ月後に死亡してしまいました。解剖の結果オウム病性肺炎であることがわかりました。

　Aの母親は死亡当時まだ36歳と若く、生きていたら得られたであろう利益（逸失利益）や慰謝料などの損害を、A、その父と兄弟の相続人達が求めました。

　オウム病は、鳥との接触によっておこる人の気道感染症であり、重いときには重症な肺炎を起こし、ごくまれには死亡することもある人畜共通伝染病

[判例59] オウム病にかかったインコを買った買主の家族が死亡したことについて、売主に高額の賠償責任が認められた

とされています。

　売主の責任について、裁判所は、買主に売買の目的物を交付するという基本的な給付義務を負うほかに、信義則上、これに附随して、買主の生命、身体、財産上の法益を害しないように配慮すべき注意義務を負っているのであり、瑕疵ある目的物を交付して買主に損害を与えたときには賠償責任が生じると判断しました。さらに、その責任は、信義則上その目的物の使用、消費等が合理的に予想される買主の家族や同居人に対しても及ぶと判断しました。

　本件においても、ペットショップは、Ａに対して、オウム病クラミジアの人に対する感染防止を念頭においた飼育方法の説明を行うなど、自己の販売した鳥からの感染による顧客やその家族に対するオウム病の発症の予防に努めるべき注意義務があったのに尽くさなかったと判断し損害賠償責任を負うべきと判断しました。

　また、Ａが、大型スーパーが販売していると誤認しうるような場合には、実際に販売したペットショップではなく、ペットショップを屋上に設けていた大型スーパーに賠償請求することも可能だと判断しました。

　そして、Ａを含む相続人の、大型スーパーに対する、逸失利益と慰謝料の総額2500万円の賠償請求を認めました。

　この裁判に対しては、第２審（東京高裁平成４年３月11日判決（判例時報1418号134頁））は誤認のおそれがないとして大型スーパーの責任を否定しましたが、第３審（最高裁平成７年11月30日判決（判例時報1557号136頁））は商法14条（旧23条）を類推適用して大型スーパーは責任を負うべきと判断し、高等裁判所へ本件を差し戻しました。

　動物に対する人畜共通感染症については、正しい知識を持ち予防するように動物愛護管理法でも定められています（同法７条２項）。口移しで餌を与える行為なども注意が必要です。

【《参考条文》動物愛護管理法７条２項、商法14条（旧23条）　　　】

第8章 ペット取引の裁判

判例 60 購入した希少動物のフェネックギツネが白内障になったので、ペットショップに損害の賠償を求めたが、認められなかった

東京地裁平成21年2月27日判決（ウエストロー・ジャパン）

> **要旨**
> ペットショップで珍しいフェネックギツネを購入、その約1カ月後に両目が白内障になり、治療費等総額97万円の賠償を求めましたが、裁判所は認めませんでした。

Point

① 本件のフェネックギツネは、遺伝性の白内障にかかっていたといえるか
② ペットショップは、売主の責任として、本件白内障を原因とする賠償に応じなければならないか

Aは、ほ乳類食肉目イヌ科の動物で、ワシントン条約で規制対象とされている希少動物で、ペット愛好家の間でも貴重な動物とされているフェネックギツネをペットショップで購入しました。購入価格は45万円でした。6月9日生まれのフェネックギツネを、7月14日に購入しところ、8月15日には両目とも白内障にり患していることが判明しました。Aは、購入してすぐに発病したのは、そもそも遺伝性・先天性の白内障であり売主が責任を負うべき隠れた瑕疵にあたると主張しました。Aは、売買代金から35万円を減額すべきであるとして返還を求めましたが、ペットショップは返品すれば45万円の代金を返すと申し出て減額を拒否しました。

Aは、返品の提案を拒絶し、売買代金の減額分15万円、治療費7万円、将来の治療費15万円と慰謝料60万円の総額97万円の賠償を求めて裁判を起こしました。

裁判所は、本件フェネックギツネの母親には白内障は認められず、父親に

[判例60] 購入した希少動物のフェネックギツネが白内障になったので、ペットショップに損害の賠償を求めたが、認められなかった

は「後嚢下白内障」が認められるけれども高齢化によって発症したものであり先天性のものではなく、程度も重いものではないと診断されていること、本件フェネックギツネの同腹子として過去3年間に本件フェネックギツネを含め10匹いるが、このうち白内障の指摘を受けたのは2匹だけであること等の諸事情と、フェネックギツネが北アフリカの砂漠地帯に生息する夜行性の動物であり、日本でのペットとしての生活にどのように適応できるのかは十分解明されているとはいい難いことを併せて考慮すると、本件フェネックギツネの白内障が本件売買後に発症した可能性を否定することができず、遺伝性・先天性の欠陥であると推認することはできないと判断し、Aの請求を認めませんでした。

そのため、ペットショップは売主の責任を負わず、賠償に応じる必要はないと判断されました。

小柄で愛らしい容姿から人気は極めて高いフェネックギツネが購入直後の白内障になったショックは大きかったものと想像できます。もっとも、裁判所は「日本でのペットとしての生活にどのように適応できるのかは十分解明されているとはいい難いこと」にも触れ請求を棄却しています。北アフリカに生息するような貴重な動物を飼育する場合には、さまざまなリスクが伴うことを覚悟しなければならないでしょう。

《参考条文》民法570条・566条

> **コラム**　ドイツは動物殺処分ゼロの国か

　テレビ番組等の報道でも、ドイツは動物殺処分がゼロの国として報じられることが時々あります。ドイツの動物の保護施設として有名なティアハイムは民営であり、そこには二酸化炭素等のガスで殺処分を行う施設はありません。ですから、ガス室での殺処分はゼロということができるでしょう。

　ところが、ティアハイムでも、がんの末期のような治療が困難となったときには獣医師の手により安楽死という殺処分が行われています。また、飼い主がペットの苦痛を見かねて、獣医師に対して安楽死を頼むこともあります。ドイツでは、狩猟が重んじられており、狩猟の際にそれを邪魔する犬が出てきた場合には射殺してもかまわないという狩猟法があり、毎年相当数の犬が射殺されているようです。

　ドイツにおいて動物の殺処分がゼロだと表現できるのは、一側面にすぎない気がします。

ティアハイムで保護された子猫
（撮影・渋谷寛）

第 **9** 章

ペットの里親をめぐる裁判

| 判例 61 | 里親と称して猫をだまし取り殺害した事件で、詐欺罪と動物殺傷罪が成立した |

横浜地裁川崎支部平成24年5月23日判決（判例時報2156号144頁）

> **要旨**　里親と称して3人の被害者から合わせて5匹の猫をもらい受け、その直後に3匹を殺害し2匹を傷つけた者に対し、裁判所は、詐欺罪と動物殺傷罪の成立を認め、懲役3年（執行猶予5年）としました。

Point

① 詐欺罪や動物殺傷罪が成立するか
② 量刑はどう判断されるか

　1人暮らしをし、うつ病にもなっていたAは、次第に猫を虐待するようになりました。うさを晴らすためにさらに猫をもらい受けようと企てます。インターネットの掲示板を通じて、里親を探している3人の人に連絡を取り、「スキちゃんとキラちゃんも面倒みましょう」などとうそをつき、「最後まで責任をもって飼ってください。家族の一員として大切に飼ってください。以上ご同意いただけましたら、下記にご署名、ご捺印ください」、「黒白（オス）1匹を譲り受けました。下記の通り誓います。終生家族の一員として愛情を持って育てていきます。最後まで責任をもって飼養します」等と記載された書面に署名押印するなどして、飼い主をだまし、わずか1週間のうちに合わせて猫5匹を引き取りました。

　Aは、猫をだまし取った直後に、自宅アパートの階段から10m下の地面に落としたり、路上から川に投げ込んだり、踏みつけたり、壁に叩きつけたりするなどして殺害したりケガを負わせたりしました。

　検察官は、悪質な犯行だとして、懲役3年の実刑を求刑しました。

　裁判所は、これまで猫を飼って世話をしていたことがあるとか、譲り受け

[判例61] 里親と称して猫をだまし取り殺害した事件で、詐欺罪と動物殺傷罪が成立した

た猫を終生飼養していくなどと言葉巧みにうそを告げ、誓約書を差し入れるなどしたうえで、だまし取ったものであって狡猾な手口である、わずか１週間のうちに３回にわたって５匹の猫をだまし取り、その直後に次々と殺傷していたのであって、常習性がある等と認定し詐欺罪と動物殺傷罪の成立を認めました。

そして、被害者らの受けた精神的苦痛は計り知れないとして、懲役３年の刑にしました。もっとも、Ａが反省していること、病気の影響があったこと、両親が監督を誓っていること、前科前歴がないことなどを考慮し、刑の執行を５年間猶予しつつ保護観察の指導が必要だとしました。

動物を虐待する目的で里親と称して多数の猫をだまし取り、即座に殺すなどする悪質な犯行は許されるものではありません。詐欺罪も成立したため、動物殺傷罪においては珍しく罰金ではなくより重い懲役の刑が選択されました。もっとも、前科前歴がなく初犯の場合には、実刑となり刑務所にすぐ収監されるのではなく、執行猶予が付くことが多いようです。

里親に出すときには後悔しないように事前に慎重な調査をするよう心がけましょう。

［《参考条文》刑法246条、動物愛護管理法44条１項　　　　　　　　　　］

第9章　ペットの里親をめぐる裁判

| 判例 62 | 飼育する意思がないのに里親になると称して多数の猫を受け取った者に対し、72万円の賠償責任が認められた |

大阪地裁平成18年9月6日判決（判例タイムズ1229号273頁）

要旨　まともに飼育する意思がないにもかかわらず、飼いきれないほどの多数の猫をもらい受けたBに対して、猫の里親を探すボランティア活動をしているAたちによる、猫の返還は認められませんでしたが、諸費用や慰謝料などの損害賠償の請求が認められました。

Point
① 渡した猫の返還請求は認められるか
② 里親として適正に飼育する意思がないにもかかわらず受け取った、すなわち、だましたといえるか
③ だまされた場合、どのような範囲で損害が認められるか

　Aたち8人は、猫の里親を探すボランティア活動をしていました。そこへ、Bがもらい受けを申し出てきました。Aたちは当然、Bに里親として飼育する適格があるかどうかを確認しました。Bは、猫が「子どものころ寝食を共にしてかわいがっていた猫ちゃんにとても似ている」、「終生大切な家族として過ごせる猫ちゃんを迎え」たいなどと説明し、逆に他の活動家からすでに20匹弱の猫をもらい受けていたことを隠していました。そのほか、終生飼養、室内飼い、不妊去勢手術を受けさせることなども了承していました。Aたちは、Bのことを信用して合計13匹の猫を試しとして引き渡しました。
　ところがその後、インターネットで里親と称して猫をだまし取っている人がいることを知り疑わしく思い、Bに猫の返還や面会を要求しましたが、断られました。

[判例62] 飼育する意思がないのに里親になると称して多数の猫を受け取った者に対し、72万円の賠償責任が認められた

　そこで、Aたちは、猫の返還と、ワクチン代など里親に出すためにかかった費用、精神的苦痛に伴う慰謝料と弁護士費用の損害賠償を求めて訴訟を起こしました。

　裁判所は、猫の返還については特定が不十分との理由で認めませんでした。Aたちが訴状に添付した猫の写真は、譲渡する時の生後1〜6カ月の子猫のころのものでした。すでに引渡しから1年半以上の年月が経過しており、その間に猫が成長してその特徴等が変化している可能性も十分考えられることから、当事者以外の第三者が本件の猫を識別するのは困難であると判断されてしまいました。

　Aたちをだましたか否かについては、Bが住んでいるマンションの広さでは他の猫も含めて30匹ほどの猫を飼うことが通常できない、試し期間にもかかわらず面会を断ることが不自然であること等の状況からして、少なくとも、猫の里親として適切に飼養する意思はなかったと判断するしかなかったとしました。そして、虚偽の事実を告げてAたちを誤信させ、猫を詐取したとして不法行為責任を認めました。

　そして、里親に出す準備として支出したワクチン代とノミ駆除費用、渡したドライフード代、慰謝料については1匹を渡した人には5万円、2匹以上渡した人には10万円、それから一部（慰謝料額の1割程度）の弁護士費用の支払いを認めました。

　この裁判は、高等裁判所に上訴され、そこでは、猫の特定ができて引渡し命令が認められ、さらにより高額な損害賠償が認められたようです（大阪高裁平成19年9月5日判決（消費者法ニュース74号258頁））。

　ペットを譲り渡すときには事前の調査・確認は非常に重要です。だまし取ろうとする人がいることを肝に銘じましょう。

《参考条文》民法709条・710条

判例 63 里親に出された犬猫の返還請求が認められなかった

東京地裁平成27年6月24日判決（LLI/DB 判例秘書）

要旨 災害後に仮設住宅に居住していたAが、保護活動をしているBに犬猫を連れ去られたとして、返還請求と損害賠償を求めたところ、犬猫が特定できず、また、里親を探すために譲渡したと評価されるとしていずれの請求も認められませんでした。

Point
① 犬猫の返還訴訟では、どこまで犬猫を特定する必要があるのか
② 里親に出すために譲渡したと認められるか

　Aは、福島第一原発事故の発生に伴い設置された仮設住宅に居住し、犬猫を保護しようと、4畳半の部屋で犬1匹と猫14匹を飼育するようになりました。Aは70歳代で、15匹の犬猫の飼育が大変だったようです。そこで、獣医師で保護活動をしているBは、犬1匹と猫4匹を引き取ることになりました。しかし、その後Aは、離れた犬猫に会いたい、返してほしい、猫のもらい手の連絡先を教えてほしいと頼みましたが、個人情報にあたる等の理由でBはこれを拒否しました。

　そこで、Aは、Bに対し、無断で犬猫を連れ去った、一時的な預かりにすぎないなどと主張し、犬1匹・猫4匹の返還と、Bの行為は不法行為にあたるとして330万円の損害賠償を求め訴訟を起こしました。

　裁判所は、犬猫の返還請求については、却下しました。このような特定物の引渡しを求める給付の訴えは、第三者（裁判所）においてもその対象物を他の同種のものと区別できる程度に特定されていなければ、勝訴判決を得たとしても強制執行をすることもできないことから、訴えの対象物は、当事者

が見て区別できるというだけでは足りず、第三者においても区別することができる程度に特定されている必要があるという基準を立てました。本件では、Aが命名した本件犬猫の名前、本件犬猫の写真と保護された時期およびその際の状況等が記載されているにすぎず、これだけでは、第三者において本件犬猫を他の一般の犬や猫と区別することはできず、強制執行をすることもできないと判断し、特定不能で却下としました。

　里親に出す譲渡の意思の有無については、Aが引渡し後に送った手紙に「14匹もいて毎日大変でした。やっと普通の生活ができるかな、と思っています。この年（71歳）でつらくて苦しかったです。ありがとうございました」と記載されていること等の一連の経緯からして、Aは、Bに対して引き渡した犬や猫を、里親を探すために譲渡したと評価されてもやむを得ず、また、BがAに無断でこれらを連れ去ったことやあるいは一時的な預かりにすぎない約束であったことを認めるに足りる的確な証拠はないとして、里親に出す前提で譲渡したと判断し、Aの請求を退けました。

　犬猫の保護活動をしている人たちに犬猫を手渡す際には、それが所有権の移転を伴う譲渡なのか、そうではなく一時的な預かりなのかを十分に確認するようにしましょう。里親を探す前提で譲渡するときには、その後は会うことができなくなること、もちろん返還を求めることもできなくなることの覚悟が必要でしょう。

コラム　スペインの闘牛

　闘牛ときくと、闘牛士が赤い布をひるがえしながら優雅に牛を操る、そんなシーンを思い出すことが多いでしょう。ところが、闘牛の最初から最後までを見ると残酷なシーンもあります。

　スペインでは、闘牛は国技とされ、大きな都市ごとに闘牛場があり、400カ所もあるようです。人気のある闘牛士は英雄として扱われ高い報酬を得ます。牛の角で投げ飛ばされることもありとても危険な職業です。

　闘牛士が現れる前に防具を付けた馬に乗った槍方（ピカドール）が、闘牛の背中を槍で2回突きます。さらに、銛方（バンデレレロ）が2本の銛を3回合計6本の銛を刺します。闘牛の背中からは赤い血が流れ出ます。痛手を負い興奮した闘牛に対し、闘牛士が戦いを挑みます。闘牛のそばに立ち、赤い布を振りながら闘牛を操ります。そうして闘牛の動きの癖を見ているのです。闘牛士は刃渡りが1m以上ある真剣に持ち替え、「真実の瞬間」と呼ばれるクライマックスを迎えます。闘牛士は、闘牛の背中めがけてすれ違いざまに剣を深々と差し込みます。心臓の近くまで達したためか、闘牛はその場に倒れ込み闘牛士の勝利とされるのです。勇敢な演技を行ったと評価された闘牛士には、闘牛の耳が片方ご褒美として与えられます。倒れた闘牛には小刃でとどめが刺され、3頭立ての馬に引きずられて闘牛場を後にします。

　1度だけ闘牛場で戦うためにだけ育てられた闘牛は、ケガをした状態で闘牛士と戦い、剣で刺され殺されてしまうのです。スペインの中でもバルセロナでは、残酷な動物虐待だとしてすでに闘牛は禁止されています。

闘牛士と闘牛（撮影・渋谷寛）

第10章

ペットサービスの裁判

| 判例 64 | ペットホテルに預けた犬が散歩中に行方不明になったことについて、飼い主による賠償請求が認められた |

福岡地裁平成21年1月22日判決（LLI/DB 判例秘書）

要旨

ペットホテルに犬を預けたところ、散歩中に逃げ出し行方不明になってしまいました。慰謝料として（弁護士費用を含む）60万円の損害賠償が認められました。

Point

① 犬を逃がしてしまったことに過失が認められるか
② ペットホテルの対応の悪さは損害額の算定に影響するか

　福岡に住むAは、同居している友人のBから、誕生日プレゼントとして約20万円（保険料の5万円を含む）のチワワをもらい、自宅で飼育し始めました。正月に東京に引っ越したBに会うためにこのチワワを2泊3日の予定でペットホテルに預けました。このチワワは、他の犬を怖がるので一緒にしないでほしいと従業員にメモを渡して預けました。

　ところが従業員はその指示に従わず、2日目の午後7時半ころ、他の犬と一緒に散歩に出かけてしまいました。案の定、公園を散歩中にチワワの首輪が抜けて逃げ出してしまい行方不明になってしまいました。

　Aは、3日目の午後3時ころに様子を伺うためにペットホテルへ電話をして確認しましたが、従業員はチワワが行方不明であるにもかかわらず、店が立て込んでいるとの理由で安否を伝えませんでした。Aは、帰宅後再度電話で確認し、行方不明であることを知らされました。ペットホテルは、菓子折りを差し出して「代わりの犬を用意させていただきます」と提案したそうです。Aは、泣き崩れて、店の従業員やマネジャーとともに真夜中まで現場を探しましたが見つかりませんでした。店の従業員の話は、逃げたとき

[判例64] ペットホテルに預けた犬が散歩中に行方不明になったことについて、飼い主による賠償請求が認められた

の状況や捜索の状況について二転三転するもので誠実さを感じることのできない内容でした。失踪した3日後からは、近所に張り紙などして捜索しましたが、見つかりませんでした。

そこでAは、慰謝料100万円、チワワの購入価格14万5000円および保険料約5万円、捜索のための3日間の損失24万円、友人Bの交通費5万円（東京と福岡の航空券代）、および、弁護士費用15万円のうちとりあえず150万円を請求する訴訟を起こしました。

裁判所は、他の犬と一緒にしないようにとのAからの文書指示に反してチワワを他の犬と一緒に散歩させていて失踪させたものであるとして過失による不法行為責任を認めました。そして、Aの損害については、Aが若年であるうえ長時間自宅に居て生活していてチワワに寄せていた愛着は特に強いものがあったこと、ペットホテルの従業員のAに対する説明の一部（失踪状況や捜索の従事状況）が真摯なものでなく場当たり的なものであったこと、ペットを預かることを業としているものであること等を考慮して、Aの精神的苦痛を慰謝するために相当な賠償額は、弁護士費用も含めて、60万円であると判断しました。それ以外の捜索のための損害等については、相当因果関係がある損害とはいえないとして認めませんでした。

電話での問合せに対し逃げ出したことを正直に伝えなかった、探していないのに探したと説明した等の店の対応の悪さが、賠償額を引き上げる要因になったと考えられます。ペットを預ける際には、誠実に対応をしてくれるお店かどうか、事前に調べておく必要があるでしょう。

[《参考条文》民法709条]

判例 65

ペットホテルに預けた犬8頭のうち、5頭が死亡し、2頭がケガを負ったことについて、ペットホテルに対し、150万円の賠償責任が認められた

千葉地裁平成17年2月28日判決（LLI/DB 判例秘書）

要旨

Aが、ペットホテルBに8頭の犬を預けたところ、1年8カ月の間に、5頭が死亡し、2頭が失明するなどのケガを負いました。寄託契約上の善管注意義務を認めBに150万円の支払いが認められました。

Point

① 預かったペットホテルは、寄託契約上の善管注意義務という責任を負うか
② 死亡した犬の損害はいくらか
③ 慰謝料の支払いは認められるか

Aは、ブリーディングをしています。あるとき8頭の犬をペットホテルBに預けました。ところが、預けた後約1年8カ月の間に、5頭の犬が死亡し、2頭の犬が片目の失明、耳の損傷などのケガをしてしまいました。Bからは死亡したことについては謝罪がありましたが、死亡直後の報告はなく、老齢犬だから死亡した、ケガは犬同士の喧嘩から生じたものである等の反論も出てきて、解決には至りませんでした。

そこで、Aは、5頭の犬の財産的価値を30万円から344万円と算定して合計624万円と7頭分の慰謝料210万円（1頭あたり30万円）、交配可能であった犬が交配できなくなった損害300万円（1回10万円で30回分）、すでに支払った1年8カ月分の委託料160万円（1頭あたり1万円／月）の損害が生じたとしてBに対して訴訟を起こしました。

裁判所は、委託料がたとえ通常の相場より安いとしてもBの善管注意義

[判例65] ペットホテルに預けた犬 8 頭のうち、5 頭が死亡し、2 頭がケガを負ったことについて、ペットホテルに対し、150万円の賠償責任が認められた

　務の程度が低くなることはなくプロとして適切な管理を行うべき義務があること、5 頭が B による保管中に死亡したのであるから、これにより A に死亡した犬の財産的価値に相当する損害が生じたことは明らかであることを認めました。また、犬の損害額については、犬の財産的価値（取引価格）は、一般的に高齢になることによって低下するものであることは明らかというべきであり、購入価格をもって、死亡当時の価値とみることはできないこと、そして、犬の死亡時の価格は、性質上その額を立証することが極めて困難であると認められることから、民事訴訟法248条（損害額を裁判官の心証により決めることができる制度）により、死亡した犬の購入時の価額、死亡時の年齢、その他本件審理に顕れた一切の事情を考慮し、本件犬のうち 5 頭が死亡したことによる犬の財産的価値の損害額は、合計80万円と認めるのが相当であると判断しました。A の慰謝料については、ブリーディングに用いていた犬であるとしても、A としては、努力して入手したり、愛情をもって育てたりしたことから、それぞれに愛着をもっていた本件犬を失ったものであるうえ、死亡時に直ちに報告を受けられず、骨壺も一部について受け取ることができていないなどの事実が認められ、これらは特段の精神的苦痛を被ったと認められる事情にあたり、認定の諸事情を考慮すると、（7 頭の）合計70万円が相当と判断しました。

　A は、預けた後は現地を見に行かなかったようですが、愛犬を預ける場合には、信頼できる業者を探し、また、預けた後も時々様子を見に行ったり報告を求めることも必要でしょう。

[《参考条文》民事訴訟法248条　　　　　　　　　　　　　　　]

判例 66 ペットホテルに預けた犬が骨折したことについて、治療費と慰謝料の賠償請求が認められた

青梅簡裁平成15年3月18日判決（LLI/DB 判例秘書）

要旨

ペットホテルに犬を預けた間に骨折したものと推認できる場合、ペットホテルは営業として行う以上、一般の人よりも高い注意義務を負うとの判断が示され、飼い主からの治療費と慰謝料の賠償請求が認められました。

Point

① ペットホテルには、どのような責任が生じるか
② 本件の損害額はいくらか

Aは、ある年の夏に昼から翌日の午後3時まで愛犬であるミニチュアダックスフンド1頭をペットホテルに預けました。預けたときには何でもありませんでしたが、受け取りに行くと右前足を地面に着くことができず、3本脚で歩行するようになっていました。そのペットホテルの紹介で動物病院へ行くと打撲傷と診断されました。その後数日3本脚で歩く症状が治らないので、別の動物病院へ行くと右前肢上腕骨遠位部骨折と診断されました。そして、この骨折はまだ固まっていないことからして最近のものだとの診断を受けました。Aは、ペットホテルに骨折のことを電話で相談しましたが、ペットホテルは「前からそうなっていたのでうちとは関係ない」と主張し、話し合いに応じてもらえず、電話はすぐ切られてしまいました。

そこで、Aは複数の動物病院へ支払った費用の合計7万1600円（診断書作成料2000円を含む）と慰謝料12万8400円の総額20万円の請求をするため訴訟を起こしました。

裁判所は、犬の骨折した時期は、ペットショップが本件の犬を預かってい

[判例66] ペットホテルに預けた犬が骨折したことについて、治療費と慰謝料の賠償請求が認められた

た間であるとの事実が推認でき、また、ペットショップは、犬を預かることを営業としており、その業務に関しては、一般人よりも高度の注意義務を負っていると認められる、本件のペットショップはその業務に関して注意義務を怠ったとの事実が推認でき、骨折についての責任を負うと判断しました。

そして、損害額については、病院での費用および診断書料として、計7万1600円の損害を認めたものの、慰謝料の額については3万円の限度で認めました。

ペットを預けた場合、そこでどのような事故が起きるか予測がつきません。信頼できる業者をみつけておく必要があります。本件では、ペットショップに一般の人よりも重い責任があるとの判断が示されています。ペットショップは、一度預かった以上、預かったときと同じ状態で返す義務があるともいえるでしょう。

本件では、死亡には至っていませんが、骨折したことについての慰謝料も認められています。飼い主に対する慰謝料の支払義務は、死亡時だけでなく、本件のようにケガしただけの場合でも認められることがあります。

本件と類似する事例で、ペットホテルに生後4カ月のトイプードル犬1頭を預けたところ右前足を骨折し、その後先端が壊死したため先端部分を切除するに至った事例で、ペットホテルの注意義務違反を認めつつも、骨折についての損害だけを認め、壊死に至ったことから生じた損害については相当因果関係がないとして認めないとした裁判例があります（東京地裁平成26年5月19日判決（ウエストロー・ジャパン））。

[《参考条文》民法665条・644条   ]

第10章　ペットサービスの裁判

| 判例 67 | トリマーが猫の尻尾を誤って5cmも切断したことについて、賠償請求が認められた |

東京地裁平成24年7月26日判決（LLI/DB判例秘書）

要旨　猫をトリミングしてもらっている最中にトリマーがうっかり尻尾を5cmも切断してしまい、慰謝料を含む12万円の損害賠償が認められました。

Point
① トリマーに過失はあるか
② どのような内容の損害賠償が認められるか

　Aら家族は、雌のペルシャ猫をトリミングを行う業者へ預け、トリミングを頼みました。業者の店員は、本件猫の背中からバリカンをかけ始め、脇腹までかけたあたりで、はがした毛玉が視野を悪くしていたため、ある程度の毛玉を切って視野をよくしようとハサミを入れていたところ、誤って本件猫の尻尾の一部約5cmを切断してしまいました。すぐに動物病院で診療してもらったところ、尻尾の切断部分は尾骨が露出し、出血しており、獣医師は、尾の皮膚を切開し、骨を露出させ、関節一個分の骨を切断し、皮膚を縫合する手術を施しました。幸い傷はふさがり後遺症もないと診断されました。店員は謝罪してくれたものの、雇い主である業者からは誠意ある謝罪がありませんでした。

　そこで、Aら本件猫を飼育していた家族は、誤って尻尾を切られたことから生じた損害として未払い治療費520円、通院交通費2万2050円、本件猫の食欲がなくなり痩せて体調を崩したため健康診断を受けた費用1万0500円、本件に関する経過報告書作成費用3150円、切断された尻尾が完全に再生することなく、短いままであるため、容姿を損なっただけでなく、バランスがう

[判例67] トリマーが猫の尻尾を誤って5cmも切断したことについて、賠償請求が認められた

まく取れない様子で、以前のように軽快に走ったり、動き回ることがなくなった本件猫自身の財産的損害5万円、Aが精神的に不調となり必要となった治療費と講師を休業せざるを得なくなった損害として13万2540円とAら家族4人の慰謝料合計40万円の請求をするため訴訟を起こしました。

　裁判所は、業者は、猫の安全に配慮し、これを傷つけることのないようにトリミングを行うべき注意義務を負っているところ、これに違反して、誤って尻尾を切断し、Aらの所有物を棄損したので、損害を賠償する責任を負うと判断しました。

　認められる損害の額については、未払治療費520円、通院交通費2万2050円、通院期間中になされた健康診断を受けた費用1万0500円、本件損害賠償請求に係る事実証明書としての意義と作成の必要性がある経過報告書作成費用3150円、4人分の慰謝料として10万円の損害の賠償を認めました。しかし、猫自身の財産的価値とA独自の休業損害等の損害は本件不法行為から生じた損害ではないから慰謝料算定の中において塡補・考慮されるにとどまるとして、独自の損害とは認めませんでした。

　店員には悪気はなかったのですが、不幸にも事故が起きてしまうこともあります。トリマーにカットを依頼するときは、「うっかり尻尾を切らないでね」などと注意を促すことも必要となるのでしょうか。

《参考条文》民法709条

判例 68

外国から帰国する際に航空会社に飼い犬の空輸を依頼したところ、輸送中に犬が死亡したことについて、航空会社の過失は認められなかった

東京地裁平成19年4月23日判決（LLI/DB 判例秘書）

要旨

ロサンゼルスから日本へ帰国中、機内に預けた愛犬が死亡しました。熱中症によるものと主張しましたが、裁判では認められませんでした。

Point

① 航空会社に保管上の過失はあるか
② 本件犬は熱中症で死亡したか

Aは、ゴールデンレトリバーの繁殖をしていましたが、そのうちの1頭を飛行機でアメリカのロサンゼルスから成田まで空輸することにし、航空会社との間で本件犬の運送契約を締結しました。ところが、本件航空機が成田国際空港に到着した際、本件犬は動物運搬用ケージ内で死亡していました。

Aは、空港の動物検疫官による本件犬の検疫解剖に、知人の獣医師を同席させました。同獣医師は本件犬の肺および肝臓の組織を入手し、専門機関で病理組織検査を行った結果、肺および肝臓に高度なうっ血が認められ、本件犬は心不全により死亡したこと、心不全の原因は熱中症である旨の診断をしました。

Aは、本件犬の死亡につき、航空会社に本件犬が健康状態を維持して目的地に到着するように、貨物室の温度等の管理、貨物の搭載量の調節、ケージの搭載場所を適切に選択すべき管理義務があるのに、これを怠ったため本件犬を熱中症によって死亡させたとして、本件運送契約による債務不履行による損害賠償請求権に基づき、航空会社に対し、本件犬の財産的価値700万円、慰謝料200万円、弁護士費用相当損害金100万円の合計1000万円の賠償を

[判例68] 外国から帰国する際に航空会社に飼い犬の空輸を依頼したところ、輸送中に犬が死亡したことについて、航空会社の過失は認められなかった

求めて訴訟を提起しました。

裁判所は、本件航空運送中、本件航空機の貨物室の室温が摂氏20度ないし22度に保たれていたこと、搭載状況としては、本件ケージの設置状況と大差ない状況にあったケージに搭載されていた他犬は、本件航空運送後、なんら異常が認められなかったことなどを総合すれば、航空会社は本件ケージの輸送につき、コンパートメントの気温、通風、本件ケージの設置場所の選択につき必要な管理義務を尽くしていたと認定しました。そして、本件病理診断では、直接の死因は心不全であるとされているが、心不全の原因が熱中症に起因する理由については確たる記述がなされていないこと、本件犬とほぼ同一環境下に置かれていたものと考えられるケージ内の他犬は熱中症を発症していないことなどに照らして、本件の心不全の原因は熱中症によるものではないと判断しました。それゆえ、航空会社は、本件ケージの設置、管理義務を履行したものと認められ、義務を怠った過失があることを認めることはできないとの理由で、Ａの請求を退けました。

通常、ペットは手荷物扱いとなり荷物室に長時間閉じ込められてしまいます。このような事故が生じないよう、事前に健康診断を受けるなど十分に準備することが必要でしょう。

【《参考条文》民法415条】

> **コラム** EUにおける動物保護法

動物福祉に関連する法律として、イギリスでは、1822年に家畜の虐待防止に関する「マーチン法」が、フランスでは1850年に動物虐待を処罰する規定として「グラモン法」が、ドイツでは、1871年に動物虐待罪の規定が設けられ、1933年には「動物保護法」が制定されました。欧州では、このように各国で独自の法律を制定してきましたが、1987年に欧州評議会では「ペット動物の保護に関する欧州条約」を成立させました。

そこでは、動物に不必要な苦痛を与えてはいけない、飼い主の責任、繁殖に対する制限、動物の能力を超える訓練の禁止、断尾・断耳等の外科手術の禁止、殺処分する際にはできるだけ苦痛を軽減すること等の動物福祉に関する基本的な事項が定められ、そのほかに、保護者の同意なくして16歳以下の子どもに動物を販売することの禁止、動物取扱施設へ登録義務を課し、ペットに関する情報を教育すること、ペット動物を賞品とすることへの抑制なども規定されています。

この条約には、1992年の発効までに、ドイツ、ノルウェーなどの4カ国が、その後にフランス、スイス、オーストリア等合計20カ国が署名・批准しています。

署名・批准した国では、最低限この条約の内容を守る必要が生じますが、法律を作る等してどのように実現するかは各国に任されています。

第11章

その他の裁判

第11章 その他の裁判

判例	欠陥があるフレキシブルリードの輸入販売業者に対し、賠償
69	責任が認められた

名古屋高裁平成23年10月13日判決（判例時報2138号57頁）

　　フレキシブルリードを使用して犬を連れて散歩をしていたところ、突然犬が走り出したので、止めるためにリードの止めるボタンを押しても止まらずリードが伸びきったところ、犬はその反動で首が引っ張られてケガを負いました。製品に欠陥があったとして損害賠償が認められました。

📖Point
製品に欠陥があったのか、それとも飼い主の操作ミスなのか

　飼い主は、輸入販売されていたフレキシブルリードを左手に持ち、飼い犬を連れて散歩していました。そのとき、飼い犬が前方にいるラブラドール犬を発見して走り出しました。そこで本件フレキシブルリードのブレーキを操作しましたがブレーキがかからず、リードは伸び続けました。リードが伸びきったところで、飼い犬が足元にある側溝を飛び越えようとジャンプしようとしました。そうしたところ、飼い犬の首輪が引っ張られ、飼い犬の上体が持ち上がり、後ろ足2本で立った状態で、飼い犬の体がねじれたように反り返り、仰向けに倒れました。その結果、飼い犬は、右足前十字靱帯断裂の傷害を負い、同月24日手術をしました。そこで、飼い主は、フレキシブルリードに欠陥があったとし、輸入元に対し（製造物責任法3条に基づき）、治療費、慰謝料など合計約123万円の損害賠償を請求しました。

　裁判所は、本件フレキシブルリードのような製品は、散歩の最中等に飼い犬の行動を制御したり、誘導したりするとともに、飼い犬が突然人や動物等に向かい、人や動物等に危害を加えることを防止するため、素早くブレーキ

をかけて、リードが伸びるのを阻止し、これにより飼い犬を制止させようとするものであり、そのため、飼い犬が突然走り出したような場合、ブレーキボタンを押すことにより、リードの伸びを素早くかつ確実に阻止し、走り出した飼い犬を制止できるようなものでなければならないとしました。それにもかかわらず、本件フレキシブルリードは、ブレーキボタンを押しても、ブレーキボタンの内部の先端とリール（回転盤）の歯とがかみあわず、カタカタという音がするだけで、ブレーキがかからなかったのであるから、ブレーキボタンがブレーキ装置として本来備えるべき機能を有せず、安全性に欠けるところがあったといわざるを得ないとし、「欠陥」があり、また、飼い主のブレーキボタンの操作に問題があったとは考えられないとして損害賠償責任を認めました。

　本件は、フレキシブルリードが伸びきったときに犬が倒れ、そのためにケガをしてしまった不運な事故ともいえます。しかも、販売業者の責任を追及するために裁判まで起こすことは、飼い主に大変な経済的精神的負担があったものと考えられます。

　犬の飼い主としては、散歩の際に使用するリード等の用具に関して、切れるおそれはないか、首輪から外れる危険性はないか、伸縮式の場合ブレーキは正常に作動するかなど事前に十分な点検を行い、不慮の事故を未然に防ぐよう配慮する必要があるといえるでしょう。犬の用具に関する製造物責任を認めた珍しい裁判例といえます。

《参考条文》製造物責任法3条
《関係判例》（第1審）岐阜地裁平成22年9月14日判決（判例時報2138号61頁）

判例 70 行政職員から保護動物を殺処分する旨を伝えられたことによる精神的苦痛は、損害賠償の対象とならない

宮崎地裁平成24年10月5日判決（判例時報2170号104頁）

要旨

行政職員から保護動物を殺処分する旨を伝えられたことによる精神的苦痛では、法的な権利ないし法律上保護された利益が侵害されたとはいえないから、損害賠償は認められない。

Point

殺処分することを告げられたことは、損害賠償の対象になるか

　Aは日頃から犬猫を保護して殺処分を回避しようとする活動をし、警察署に相談に訪れるなどしていました。そして、平成20年5月に飼い主によって保健所に持ち込まれた子犬4匹が殺処分されたとこを知り、かかる殺処分は合理的な理由を欠くものであると考えました。そこで、同年8月に、警察署長に対し、行政職員が平成20年5月29日午前中、動物愛護管理法2条所定の愛護動物たる生後1か月の子犬4匹をみだりに殺したものとする刑事告発をしました。ところがその後も行政機関の衛生管理課職員は、2回にわたり保護した犬が凶暴であることを理由に殺処分する旨の判断をしました。

　知人である動物保護団体の人から殺処分の事実を知らされたAは、実際には犬は凶暴ではない、愛護動物の殺処分は原則違法とすべき、殺処分する合理的な理由を欠くとして、衛生管理課の所属する県を相手に、慰謝料50万円などの支払いを求める国家賠償請求訴訟（国賠訴訟）を起こしました。また、Aは、殺処分を決定したのは、先にした刑事告訴に対する報復だとも主張しました。

　裁判では、凶暴を理由に殺処分した事実に争いはありませんでしたが、そもそもAの精神的苦痛が損害賠償の対象に値するのかが争われました。

[判例70] 行政職員から保護動物を殺処分する旨を伝えられたことによる精神的苦痛は、損害賠償の対象とならない

　裁判所は、賠償責任を負わせるためには、私人（A）の法律上の具体的な権利ないし法律上保護された利益が侵害されたということが前提として必要であるところ、Aは、平素から犬猫の保護活動を行っていたとか、本件母犬や本件子犬を保護して殺処分を回避しようとする活動をしようと、警察署に相談に訪れるなどしていたという関係にあったにすぎず、さらに進んで、衛生管理課職員らがAに犬を殺処分する旨を告げたことによって、Aに係る財産権その他の法的な権利や法律上保護された利益が侵害されたとまで認められるような関係等があるともいえない、仮に、刑事告発に対する報復を目的としていたとして、これによって、Aが不快感や嫌悪感を抱くことがあったとしても、これを超えて、Aにおいて、損害賠償の対象となり得るような法的な権利ないし法律上保護された利益が侵害されたとはいえないとして、Aの請求を退けました。そして、殺処分の判断に合理的な理由があったかなかったかについては、そもそも損害賠償の対象とならないのであるから判断するまでもないとしました。

　愛護動物の対象である犬猫が殺処分されることを悲しく思う人は多いことでしょう。ところが、その程度の精神的苦痛では、法的には保護されないことになります。殺処分ゼロ運動が盛んになる中での重要な判断事例といえます。

【《参考条文》国家賠償法1条1項　　　　　　　　　　　　　　　】

第11章 その他の裁判

判例 71 譲り受けた猫の血統書の申請をしたことを偽造した書類に基づくものであると非難されたことについて、慰謝料請求が認められた

東京地裁平成23年10月6日判決（LLI/DB 判例秘書）

要旨 Aが譲り受けた愛猫の血統書の申請を行ったところ、元の飼い主Bより偽造による違法があるとして抹消を求められるなどして精神的苦痛を被ったことに対し、慰謝料の支払いが命じられました。

Point
① 偽造だと主張することに根拠があったか
② 不法行為にあたるとした場合、どれくらいの慰謝料額が認められるか

　Aは血統書付きのシャム猫をBより譲り受けました。その後、その猫を別の血統書の登録団体に登録して血統書を得ました。ところが、Bは、血統書取得の手続を誤解したまま、元の飼い主の承諾が必要なはずなのに自分の承諾なく申請した等とAに対し疑問を感じました。
　Bは、Aも参加しているキャットショーの会場で、ブリーダー仲間に対し、血統書の写しを示しながら「Aは、A所有の猫を別の登録団体に登録するにあたり、B名義の登録申請書を偽造してBの所有する猫も同団体に登録している。この状態を是正したいので協力してほしい」旨の発言をしました。さらに、弁護士を通じて、Aに対し、登録の抹消手続きを求める内容証明郵便を送り、直接電話で抹消手続を催促し従わなければ訴訟を起こし高額の損害賠償を請求することなどを伝えました。
　Aは、このような強硬な請求を受け、うつ病にかかり治療することになりました。その後Aはやむなく、Bの不法行為に対し、慰謝料や治療費を求める裁判を起こしました。

[判例71] 譲り受けた猫の血統書の申請をしたことを偽造した書類に基づくものであると非難されたことについて、慰謝料請求が認められた

　裁判所は、Ｂの不法行為に対し、いやしくも他人を文書等を偽造した者であると非難し、高額の賠償請求をする旨の告知をするにあたっては、少なくともそれなりの証拠資料を収集したうえで行うべきであること、ところが、Ｂは、血統書の登録団体の規則を取り寄せることもなく、キャットショーの会場においてＡを偽造者呼ばわりをし、根拠なくして猫の血統登録等の抹消を求めたものであり、社会的相当性を逸脱する行為であると評価せざるを得ないと判断しました。そして、Ｂに対し、慰謝料20万円、治療費約8万円と弁護士費用分3万円の損害賠償の支払いを命じました。

　血統書の名義の変更についてトラブルになることが時々あります。各登録団体ごとに手続の内容が異なることが想定されます。手続の内容を十分に確かめることなく他人を非難してしまうと、逆に損害賠償責任を負うことになります。登録団体の規則などの説明書を入手するなど、手続に関する事前の調査が重要です。

[《参考条文》民法709条　　　　　　　　　　　　　　　　　　　　　]

| 判例 72 | ホンドギツネ等の動物を原告とする訴訟提起は認められない |

横浜地裁平成9年9月3日判決（ウエストロー・ジャパン）

要旨　ホンドギツネ等の動物を原告としてする訴訟は、人と違い当事者能力がないので、不適法として却下されました。

Point
① 動物には、訴訟を行う当事者能力があるか
② 動物は、地方自治法の「住民」にあたるか

　神奈川県の川崎市内にある緑地内に、公費で美術館を建てる計画が持ちあがりました。緑地に生息しているホンドギツネ、ホンドタヌキ、ギンヤンマ、カネコトタテグモおよびワレモコウ（植物）を原告として、美術館建設公費違法支出差止請求訴訟が住民訴訟として起こされました。

　原告たちの代理人である弁護士の主張は、自然には固有の価値があり、それ自体に保護されるべき法的利益が認められること、自然に対する法的保護を全うするためには、人間が訴訟の場で自然の利益を代弁するのみでは不十分で、自然自体に法的当事者性を認める必要があること、外国では、訴訟の場で自然物に当事者能力を認めたのと同様の取扱いがされた事例があること、そして動物たちも地方自治法の「住民」に含まれるというものです。

　裁判では、動物たちを原告とする訴訟が認められるかが争点となりました。

　裁判所は、自然物に当事者能力を認めるべき現行法令の根拠はなく、民法その他の法令は、人間社会における紛争を念頭において規定されたものであり、訴訟を追行し、それによる法的効果が帰属する主体は人であることを当然の前提としているものというべきであり、自然物に尊重されるべき固有の価値が認められるとしても、これに当事者能力を認めることはできないと判

断しました。

　外国に類似の事例があることについては、法制度が異なることなどを理由に、自然物に当事者能力を認めることもできないとしました。さらに、当事者能力を有しないことが明らかな自然物が、地方自治法242条1項の「住民」に含まれると解することはできないと判断し、本件訴えは、当事者能力を欠く動植物を原告として提起された不適法なもので、却下するとの判決を出しました。

　人も動物も地球上に生息する生き物である点は共通ですから、人と同様に訴訟を起こせると考えたのでしょうか。ところが、ヨーロッパの制度を参考にしたわが国の法の世界では、権利の主体と権利の客体に分けて考え、人は主体に、物と同様に扱われる動物は客体に分類されてしまいます。権利の主体としては、人のほかに法人（例えば会社）なども含まれますが、権利の客体である動物は主体にはならないのです。現行法の解釈としては、動物に法的な当事者としての地位を与えることは難しいようです。

　同様に動物に当事者適格があるかどうかが争われたアマミノクロウサギ訴訟の裁判（鹿児島地裁平成13年1月22日判決（LLI/DB 判例秘書））でも、動物には当事者能力がないと判断されています。

《参考条文》地方自治法242条の2
《関連判例》鹿児島地裁平成13年1月22日判決（LLI/DB 判例秘書）：アマミノクロウサギ訴訟

第11章　その他の裁判

| 判例 73 | ハトを大量に虐殺したことについて、動物愛護管理法違反などの罪で処罰された |

山形地裁平成21年7月9日判決（LLI/DB 判例秘書）

要旨　自宅で飼育していたハト約125羽を殺害し、その死体を用水路に捨てたという動物愛護管理法等の違反の事案について、懲役6カ月（執行猶予3年）の判決が言い渡されました。

Point

① 飼っているハトを殺すことは、動物殺傷罪に該当するか
② 殺した鳩を農業用水路に捨てることは、他の犯罪にあたるか
③ 量刑はどう判断されるか

Aは、自宅で多数のハトを飼い、ハトレースに参加していました。ハトが繁殖して、一時は約800羽にまで達していました。ハトの餌代に困ったAは、レースに出せないハトを殺すことを思いつき、鳩舎において、飼養していた「いえばと」に給餌を止めて衰弱させたうえ、首を引っ張るなどして「いえばと」約125羽を死亡させました。また、その結果生じた大量のハトの死体を処分場に持っていくなどすれば不審がられて警察に通報されるので川に捨ててしまおうと考え、農業用水路に、廃棄物である「いえばと」の死体合計約125羽をみだりに投棄して捨てました。

裁判所は、約半月の間餌も水も与えず弱らせたハトを次々と捕まえて殺し、合計約125羽にも達したというもので、動物愛護の精神に反する悪質なものといえ、また、犯行後には、脚環を外すため殺したハトの足を約1時間かけてニッパーで切るなどしており、犯行後の態度も生命の尊厳を軽視するものといえる。そして、廃棄物の処理及び清掃に関する法律違反の犯行態様についてみると、公衆衛生に危険を及ぼすおそれもある動物の死体を農業用水路

に捨てたのであるから、その危険性を無視することはできないとし、さらに、本件は大量のハトの死体が発見されたことから鳥インフルエンザの発生が疑われたり、ハトの死体の足が切断されているなどしたため猟奇的犯行として大きく報道されたりして、平和な地域社会に少なくない不安を与えたものとみられ、このような事情も軽視できないとして、動物愛護管理法および廃棄物処理法違反を認め、懲役6カ月の有罪判決を言い渡しました。

　もっとも、Aが自ら警察に出頭したこと、反省していること、ハトレース協会から除名処分を受けたこと等の酌むべき事情を考慮して、刑の執行は3年間猶予されることになりました。

　「いえばと」は、自分で飼っている場合でも殺すと動物愛護管理法の殺傷罪の対象となります。また、動物の死骸は廃棄物にあたり、みだりに捨てると罰則の対象になります。

　ハトレースに夢中になり餌代のことまで考えが及ばなかったのでしょうか。動物を飼う場合は、終生飼養できるかどうかを十分に検討する必要があります。多頭飼育の危険性にも配慮すべきだったでしょう。また、動物の死骸をみだりに捨てると別の犯罪に該当することも覚えておく必要があるでしょう。

《参考条文》動物愛護管理法44条1項・4項
　　　　　　廃棄物処理法25条1項14号・16条

第11章　その他の裁判

判例 74　猫の虐待の様子をインターネット中継したところ、動物愛護管理法違反で処罰された

福岡地裁平成14年10月21日判決（LLI/DB 判例秘書）

要旨　猫を虐待して殺害し、同時にその模様をインターネットの掲示板サイトで実況中継した事案について、懲役6カ月（執行猶予3年）の判決が出ました。

Point
① 猫を虐待して殺害した場合、動物殺傷罪が成立するか
② 量刑はどう判断されるか

　Aは、拾ってきた猫に対する虐待を実行して、その模様をインターネットで実況中継するため、有名掲示板サイトに新たに掲示板を立ち上げました。そこへ「猫祭り開催しますか」、「血だよ、血塗れ。それがなければ面白くないだろうが」などと書き込んで、インターネット上で虐待方法の意見を求め、その書き込みに答える形で、尾、続いて左耳を波板切りはさみで切断する等の虐待行為を行うとともに、その状況をデジタルカメラで撮影し、その残虐な画像をインターネットで同時に公開しました。そして、「もう飽きちゃったんで一気に〆てもいいですか」などと書き込み、ひもで宙づりにした猫の尾や後ろ足を下に引っ張ってその頸部を絞め付けたうえ、第二次世界大戦での脱走兵の処刑写真を真似て「私は敗北主義者です」と書いたCD-Rディスクを首吊り状態の猫の首にかけて撮影して、その画像を公開し、さらに、「近所の川に投げ込むよ」、「死体捨てに行ってきます」などと書き込んだ後、猫を自宅アパート近くの川の中に投げ捨てました。

　裁判所は、この犯行に対し、インターネットの掲示板という無責任な仮想空間において、悪意を相互に増幅させながら、動物虐待・虐殺行為を現実に

実行して見せたもので、悪質だと判断しました。また、インターネットで実況中継され、Ａの犯行を見ながら、これを止めようにも手の届かないところで動物虐待・虐殺行為が現実に進行したことで、良識ある多数の人々には不快感、嫌悪感を超えた深い精神的な衝撃を与え、しかも、本件に追随する模倣犯、愉快犯の出現の危険も高めたものであり、社会に与えた悪影響は大きいと指摘しました。

　そして、本件犯行は動物の命をもてあそび軽んじた悪質な犯行であり、その社会的影響も大きく、動物の愛護及び管理に関する法律の立法目的に照らせば、Ａの刑事責任は決して軽くないとして、懲役6カ月の実刑に処しました。

　もっとも、インターネット上でもＡの犯行であることが突き止められて、Ａのみならずその家族までもが、そのプライバシーに関する情報まで公にされた結果、さまざまな嫌がらせを受けていわば「さらし者」にされており、社会的制裁としても行き過ぎた制裁をすでに受けていること、この手の犯罪としては異例の長期の身柄拘束を受けたこと、反省していること等を考慮して、社会内での更生の機会を与えることが相当として、刑の執行を3年間猶予する判決を下しました。

　インターネット上での視聴回数を増やすために、興味深い動画を載せることはありますが、動物を殺害する映像を見て快く思う人はいないことでしょう。動物には命があり、痛みを感じ、感受性もあることを忘れてはいけません。

【 《参考条文》動物愛護管理法44条1項 】

| 判例 75 | 子どもが野犬に襲われて死亡したことについて、県の賠償責任が認められた |

東京高裁昭和52年11月17日判決（判例時報875号17頁）

要旨 野犬に襲われて子どもが死亡した事案で、県の野犬を駆除すべき責任を認めて、総額200万円の損害賠償の支払いを命じました。

Point

① 県知事には、野良犬を駆除する作為義務があったといえるか
② 不作為による義務違反があった場合、損害賠償額はいくらか

　A夫婦は、千葉県に住み、3人の子どもがいました。同県内では野犬による死亡事故が時々起き、また、家の付近をうろついている犬がいたこともあり、子どもたちに咬みつかれることがないよう常々注意を与えていました。昭和46年5月13日の夕方7歳の長女と4歳の長男の2人が外出し、家の近くの農道を歩いていたところ、長男が首輪をつけていなかつた体長約1mの成犬3頭に襲われ、無数の咬傷を受けその日のうちに死亡してしまいました。長女は、見ているだけ助けることはできませんでした。

　千葉県では昭和43年に、放し飼いの犬や野犬を捕獲、抑留し、または、薬物による掃討ができるように千葉県犬取締条例を制定しました。それでも、事件当時における野犬等の推定数は、千葉県全体で約4万頭、その保健所管内で2000ないし3000頭に達し、犬による被害届（死亡事件を含む）の数は年間1700件にも達していました。

　そこで、A夫婦は、県に対し1人あたり600万円あまりの損害賠償の訴訟を起こしました。第1審（地方裁判所）は、野犬による損害の発生が察知できなかったことなどを理由に、捕獲等を怠ったとの義務違反がなかったと判断し、請求を退けました。

[判例75] 子どもが野犬に襲われて死亡したことについて、県の賠償責任が認められた

　Ａ夫婦の控訴を受けた本判決（高等裁判所）は、義務違反について、本件のような事故は、知事が条例によって認められた野犬等の捕獲、抑留ないし掃蕩の権限を適切に行使し、条例の定める目的を実現するのに遺漏がないようにさえすれば容易に防止することが可能なのであって、とくに本件の場合、事故後に行ったと同じような野犬等の捕獲、掃討を前もって行ってさえいれば、事故の発生は確実に防止することができたとみられるのであり、しかも、このような捕獲、掃討を不可能ならしめる障害があったとか、捕獲、掃討にもかかわらず本件事故が発生したであろうと認められるような事情も見出すことはできないことなどを考えると、知事は、結局、条例によって認められた野犬等の捕獲、抑留ないし掃討の権限を適切に行使しなかったといわざるを得ないのであって、ここに作為義務違反があったと判断しました。

　損害額については、長男が生きていれば得られたであろう逸失利益については647万円と算出し、Ａ夫婦のそれぞれの慰謝料額を300万円と判断しました。ところが、Ａ夫婦は野犬等の危険性を認識しながら監護能力の十分でない7歳の長女と2人だけで4歳の長男を外出させたことになるのであって、長男を監護すべき義務を負う親権者として大きな落度があったとして、相当額を減額して、Ａ夫婦それぞれ100万円の請求を認めるにとどめました。

　この裁判は野犬が全国的に多数いたころのものです。県に対する損害賠償請求が認められた珍しい事例といえますが、子どもたちだけを外出させたことを指摘され、大幅に減額されてしまいました。現在は野犬が少なくなったとはいえ、親としては子どもたちだけで外出させて不運な事故に遭わないよう十分に注意する必要があるでしょう。

【《参考条文》千葉県犬取締条例8条・9条】

判例 76 狂犬病予防法違反の犬は、没収できない

大阪高裁平成19年9月25日判決（判例タイムズ1270号443頁）

要旨 狂犬病予防法に違反して、予防接種をせずに有罪となっても、その犬は没収の対象にはなりませんでした。

Point
狂犬病の予防接種を怠り有罪になるとき、その犬を没収することができるか

　Aは、犬3頭を飼育していましたが、狂犬病予防法の予防注射をしていませんでした。そのことが問題となり、刑事裁判にまで発展し、第1審（地方裁判所）では罰金20万円の有罪判決が出ました。その判決では、罰金のほかに、予防注射を受けていなかった犬3頭を没収するとの（附加）刑も言い渡されました。犬まで没収することは行き過ぎではないか、犬は没収についての規定である刑法19条1項1号のいわゆる犯罪組成物、すなわち犯罪構成要件要素に属する物には該当しないと考えたAは、没収を不服として高等裁判所へ控訴しました。

　本判決（高等裁判所）は、狂犬病予防法違反は、犬の所有者がその犬に狂犬病の予防注射を受けさせる義務に違反するという不作為（義務を怠ること）が犯罪とされる場合であるところ、狂犬病予防法5条1項の犯罪の解釈上、①犬の所有者がその犬に狂犬病の予防注射を受けさせなかったことだけを犯罪とすると解しうる場合には、その犬は犯罪組成物とならないが、②犬の所有者がその犬に狂犬病の予防注射を受けさせないで犬を所持したことを犯罪とすると解すべきである場合には、その犬は犯罪組成物となるというべきであるとする基準を立てました。すなわち、予防注射を受けていない犬を飼育

すること自体が犯罪の対象となる場合には没収できると判断したのです。

そして、高等裁判所は、狂犬病予防法5条1項の犯罪の定め方が、「犬の所有者（所有者以外の者が管理する場合には、その者）は、その犬について、厚生労働省令の定めるところにより、狂犬病の予防注射を毎年1回受けさせなければならない」とし、同法27条2号において、「第5条の規定に違反して犬に予防注射を受けさせ……なかった者」を「20万円以下の罰金に処する」としている表現から、犬の所有者が狂犬病の予防注射を受けさせないで犬を所持すること自体をも、当然に違法と評価しているとまでは解釈することはできない、また、同法6条7項では予防員が抑留した犬について、所有者が予防注射を受けさせていない場合であっても、所有者に引き取らせるものと規定していることに照らすと、犬の所有者が予防注射を受けさせていない犬を引き取って所持すること自体を許容していると考えられることを根拠として、狂犬病の予防注射を受けていない犬であっても、所有者がその犬を所持すること自体を違法と評価しているわけではないと解するのが相当であると判断しました。これを、先の基準にあてはめ、①犬の所有者がその犬に狂犬病の予防注射を受けさせなかったことだけを犯罪とすると解しうる場合に該当し、②犬の所有者がその犬に狂犬病の予防注射を受けさせないで犬を所持したことを犯罪とすると解すべきである場合にはあたらないと判断しました。すなわち、犯罪組成物にはあたらず、没収はできないとの結論に至りました。

刑罰については、罪刑法定主義という大原則が働き、被告人に不利益な方向での拡大解釈をすることはできません。厳格な解釈が行われています。狂犬病予防法は、予防注射を怠ることを犯罪としていますが、予防注射を受けていない犬を所持すること自体は犯罪とはしていないということになります。予防注射をせずに有罪となった場合でも、犬の没収には至らないことになりますが、予防接種を怠ることは犯罪に該当しますので注意が必要です。

[《参考条文》刑法19条
　　　　狂犬病予防法5条]

第11章　その他の裁判

判例
77

乗馬牧場の経営者が動物虐待罪によって罰金刑で処罰された

伊那簡裁平成15年3月13日判決（法律時報78巻10号82頁）

> **要旨**　乗馬牧場の経営者が、約1カ月にわたり馬2頭に対し不衛生な環境下で、十分な給餌をせず栄養障害状態に陥らせる虐待を行ったとして罰金15万円の刑に処せられました。

✍Point
① 不衛生な環境で、十分な給餌をせず栄養障害状態に陥らせることが虐待にあたるか
② 虐待罪の成立には、愛護動物を「衰弱」させることが必要か

　Aは、乗馬牧場を経営して数頭の馬を飼育していました。次第に経営状況が悪くなり、十分な餌や世話が行えなくなってしまいました。周囲の馬糞処理もできなくなり、厩舎内およびその手前に死んで腐敗の進んだ馬2頭を放置せざるを得ない状況となり、残りの馬2頭についても十分な餌を与えることができなくなりやせさせてしまいました。

　検察官は、Aが、愛護動物である馬2頭を、平成13年3月9日ころから同年4月11日までの間、死馬2頭が放置されていたうえに馬糞の清掃もなされていない不衛生な環境の下、十分な給餌をせず栄養障害状態に陥らせる虐待を行ったものであるとして、動物虐待罪で起訴しました。

　これに対し、Aの弁護人は、調教としての訓練として餌を半分にしたまでで同罰則に表現されている「衰弱」にはあたらないとして争いました。

　裁判所は、「虐待」とは、愛護動物の飼育者としての監護を著しく怠る行為を指すものであると判断しました。その代表的な行為として「みだりに給餌又は給水をやめることにより衰弱させる行為」が法律に例示されているに

過ぎない。したがって、必ずしも愛護動物が「衰弱」していなければならないものではなく、著しく不衛生な場所で飼育し、給餌または給水を十分与えず愛護動物を不健康な状態に陥らせるといった行為も、上記「虐待」に該当すると判断しました。

　裁判では、実際に与えた餌の量は、1日あたり約4.57kgに過ぎず、保護馬2頭分の飼料必要量として算出される1日あたりの平均量約11.3kgキログラムをかなり下回っている、その結果1頭は「削痩」もしくは「非常にやせている」、もう1頭も「やせている」もしくは「少しやせている」と判定され、栄養失調症と推定される、被告人であるAは、給餌・給水を含む馬の世話をきちんと行っていなかった蓋然性が高い、周囲の馬糞が除去されず、しかも厩舎内およびその手前に死んだ馬2頭がそのまま放置されていることなどが指摘されました。そして、裁判所は、本件2頭の馬に対し、十分な給餌をせず結果的に不健康な状態（栄養障害状態）に陥らせたうえ、著しく不衛生な状況下で飼育していたものであって、馬の調教の事実の有無・内容を検討するまでもなく、愛護動物の飼育者としての監護を著しく怠っていたと評価せざるを得ないとして、虐待を行ったと認定し、罰金15万円の有罪判決を言い渡しました。

　動物愛護管理法の虐待罪は、昭和48年の制定当時から存在していました。この事件がマスコミにも取り上げられたことにより動物虐待罪の存在を知ることになった人も多いことでしょう。その後2回の法改正により罰金の額は最高100万円まで引き上げられています。また、虐待の例示も増え「①給餌若しくは給水をやめ、酷使し、又はその健康及び安全を保持することが困難な場所に拘束することにより衰弱させること、②自己の飼養し、又は保管する愛護動物であって疾病にかかり、又は負傷したものの適切な保護を行わないこと、③排せつ物の堆積した施設又は他の愛護動物の死体が放置された施設であって自己の管理するものにおいて飼養し、又は保管すること」があげられています。虐待を行わないよう十分に注意する必要があります。

【《参考条文》動物愛護管理法44条　　　　　　　　　　　　　　　　　】

| 判例 78 | 放った矢がカモに命中しなくても鳥獣保護法の「捕獲」にあたり、有罪とされる |

最高裁平成8年2月8日判決（判例タイムズ902号59頁）

要旨

狩猟鳥獣であるマガモまたはカルガモを狙い洋弓銃（クロスボウ）で矢を射かけた行為は、矢が外れたため鳥獣を自己の実力支配内に入れられず、かつ、殺傷するにも至らなくても、「弓矢を使用する方法による捕獲」にあたると判断されました。

Point

クロスボウがカモに命中しない場合でも、鳥獣保護法関係の省令の「捕獲」にあたるか

　Aは、雑誌の広告でクロスボウに興味を持ち、これを使ってカモ猟を続け、仕留めたカモは食用にしていました。鳥獣保護及狩猟ニ関スル法律の第1条の4の第3項の委任を受けた環境省の昭和53年告示第43号3号「リ」では、弓矢を使用する方法による捕獲を禁止していました。この禁止の趣旨は、弓矢を用いる猟法がいたずらに手負いの鳥獣を生じさせるなど、その保護繁殖に悪影響を及ぼすおそれがあることとされています。

　Aは、クロスボウの使用に関して警察から事情聴取を受けてその省令の存在を知らされました。しかし、安易に該当しないと考え、ある日の午後1時過ぎ、クロスボウと矢を携えて河川敷に出かけ、マガモまたはカルガモに向けて矢4本を射りましたが、いずれも命中しませんでした。

　検察官は、クロスボウで射た矢はいずれも狙ったカモに命中せず、カモは逃げ去って、Aはこれを手に入れていないし、殺傷もしていないとはいえ、そもそも食用目的でカモに向けて矢を射ること自体が「捕獲」に該当し犯罪が成立するとして起訴しました。

第1審で罰金15万円の実刑となったため、Aは控訴しました。この控訴を受けた高等裁判所も、狩猟鳥類を狙ってクロスボウで矢を射かける行為は、たとえ殺傷しなくとも、狙った鳥ばかりでなくその周辺の鳥類を脅かすことになるのであり、鳥獣保護法1条の4第3項の禁止、制限の委任の趣旨および告示43号の目的である狩猟鳥獣の保護繁殖を実質的に阻害するものである点では同様であるから、同告示43号3項リが禁止する捕獲にあたると判断しました。

　Aは、他の高等裁判所では類似の事例で非該当と判断する判決が出ていることもあり、上告してさらに争いました。

　上告を受けた最高裁判所も、食用とする目的で狩猟鳥獣であるマガモまたはカルガモを狙い洋弓銃（クロスボウ）で矢を射かけた行為について、矢が外れたため鳥獣を自己の実力支配内に入れられず、かつ、殺傷するに至らなくても、同告示43号3号リが禁止する「弓矢を使用する方法による捕獲」にあたると判断しました。それゆえ、Aに対する罰金刑が確定しました。

　「捕獲」という言葉からは、取り逃がした場合を含まないように思えるかもしれませんが、野鳥が住んでいる環境そのものに対する侵害を防止するという鳥獣保護法の趣旨からして、そもそも捕獲しようとする行為自体が犯罪の対象になると判断されたのです。動物に対する虐待とならないか、環境破壊とならないか等多面的な観点から善悪を判断する必要があるということになるでしょう。ちなみに、野鳥のカモは、動物虐待罪の対象には含まれていません。

［《参考条文》鳥獣保護法1条
　《参考判例》（第2審）東京高裁平成7年4月13日判決（判例時報1547号141頁）］

第11章 その他の裁判

判例 79 動物救援活動団体の会計報告の不十分さ等について、支援金を支払った者に対して慰謝料の賠償責任が認められた

大阪高裁平成23年12月9日判決（LLI/DB 判例秘書）

> **要旨** 動物救助活動目的での支援金を支払った者が、目的外の項目に使用された、会計報告が正しくなされなかったとして、支援金の返還や慰謝料の請求を求めたところ、慰謝料の支払いだけが認められました。

Point
① 支援金の使途は明確に定まっていたか
② 会計報告が適切になされなかったことについて慰謝料の請求は認められるか

Aたちは、B動物救助活動団体のホームページを見て、B団体が閉園されたドッグパークに残された犬約500匹の救援活動をしていることを知り、支援金や物資を送ったりしました。ところが、B団体は、支援金が多額に集まったため、ドッグパーク関連以外の犬のレスキュー活動にも使用していました。Aらは、ドッグパークの犬の支援として支払ったのであり、それ以外の目的に使用するとは知らなかった、これは詐欺ではないかと疑問を感じ支払った支援金の返還等を求めて裁判を起こしました。

第1審（地方裁判所）は、支援金等の募集開始時において、B団体に欺罔の故意や欺罔行為があったと認めることはできない、B団体による支援金等の資金管理や収支の報告にずさんな点がみられることを考慮しても、B団体の支援金等の募集行為が資金詐取目的の不法行為にあたると認めることはできないとしてAらの請求を退けました。

この判決に不満を感じたAらは、これまでの請求のほかに、金銭の流れ

[判例79] 動物救援活動団体の会計報告の不十分さ等について、支援金を支払った者に対して慰謝料の賠償責任が認められた

を正確に報告しなかったことは、支援金の贈与契約に付随する信義則上の義務に違反しているとの主張を付け加えて、大阪高裁へ控訴しました。

　本判決（高等裁判所）では、Ｂ団体のホームページには、支援金をドッグパーク関連でのみ使用するという明示の記載はなく、支援金が余った場合の処理についての記載もなかったことを指摘し、Ｂ団体においては、支援金からドッグパーク関連の費用を支出すべき義務を負うということはできるが、余剰金が生じた場合に、これをＢ団体の動物愛護という目的に沿ったドッグパーク関連以外の費用に支出してはならないということはできない、すなわち支援金をドッグパーク関連でのみ使用するという拘束力のある（負担付贈与）契約が成立したと認めることはできないと判断し、支援金の返還請求を認めませんでした。

　もっとも、目的をある程度限定して募金を募り、しかも、当面必要とされる費用を大幅に超える支援金等が集まったような場合、募金の主催者としては、信義則上、支援金等を支出した者らに対し、できるだけ速やかに、かつ正確に、その収支について、説明・報告すべき信義則上の義務（贈与契約に付随する義務）があると解するのが相当であるとの判断を示し、Ｂ団体が集まった金銭等の流れを十分説明せず、結局、金銭等の流れは、完全に解明できず、Ａらが寄付した金銭等の一部が、寄付目的のために利用されず、別の用途に流用されたのではないかとの疑問を払拭できないでいることから、Ａら約12名が受けた精神的苦痛に対して慰謝料約46万円の支払いを命じました。

　ペットの救済に関連した募金活動に寄付をする際には、どのような目的に使用されるのか、会計に関する報告はどのようになされるのか、気になるところを事前に確認する必要があるでしょう。

【《参考条文》民法1条2項】

> **コラム** 動物愛護管理法と行政処分

　動物愛護管理法では、都道府県知事は、動物取扱業者に対し、登録の取り消しや業務停止を命じることができるとされています。

　しかしながら、実際には、動物取扱業者が動物愛護管理法に違反する行為を行っていたとしても、ただちに行政処分となる訳ではありません。関係者や付近住民などからの苦情から、立ち入り調査、指導、勧告、措置命令等を経たうえで、行政処分にまで至る例は多くありません。

　行政処分が出た例としては、平成22年7月に、劣悪な環境で犬を飼育していた動物取扱業（販売）の男性に対し、業務停止、さらには登録取り消しが行われました。

　また、平成27年4月には、ペットショップに対して、1カ月の業務停止が命じられました。

　しかしながら、行政処分に至る事例はまだまだ少なく、行政による指導、監督は不十分であるといわれています。行政による指導、監督が十分に機能するためには、行政処分をするための基準の明確化、行政の権限の強化、予算や人員の確保が課題といえます。

巻末資料

○民法

(基本原則)
第1条　私権は、公共の福祉に適合しなければならない。
②　権利の行使及び義務の履行は、信義に従い誠実に行わなければならない。
③　(以下略)

(債務不履行による損害賠償)
第415条　債務者がその債務の本旨に従った履行をしないときは、債権者は、これによって生じた損害の賠償を請求することができる。債務者の責めに帰すべき事由によって履行をすることができなくなったときも、同様とする。

(損害賠償の範囲)
第416条　債務の不履行に対する損害賠償の請求は、これによって通常生ずべき損害の賠償をさせることをその目的とする。
②　特別の事情によって生じた損害であっても、当事者がその事情を予見し、又は予見することができたときは、債権者は、その賠償を請求することができる。

(不法行為により生じた債権を受働債権とする相殺の禁止)
第509条　債務が不法行為によって生じたときは、その債務者は、相殺をもって債権者に対抗することができない。

(履行遅滞等による解除権)
第541条　当事者の一方がその債務を履行しない場合において、相手方が相当の期間を定めてその履行の催告をし、その期間内に履行がないときは、相手方は、契約の解除をすることができる。

(履行不能による解除権)
第543条　履行の全部又は一部が不能となったときは、債権者は、契約の解除をすることができる。ただし、その債務の不履行が債務者の責めに帰することができない事由によるものであるときは、この限りでない。

(地上権等がある場合等における売主の担保責任)
第566条　売買の目的物が地上権、永小作権、地役権、留置権又は質権の目的である場合において、買主がこれを知らず、かつ、そのために契約をした目的を達することができないときは、買主は、契約の解除をすることができる。この場合において、契約の解除をすることができないときは、損害賠償の請求のみをすることができる。
②　(以下略)

(売主の瑕疵担保責任)
第570条　売買の目的物に隠れた瑕疵があったときは、第566条の規定を準用する。ただし、強制競売の場合は、この限りでない。

(受任者の注意義務)
第644条　受任者は、委任の本旨に従い、善良な管理者の注意をもって、委任事務を処理する義務を負う。

(委任の規定の準用)
第656条　第646条から第650条まで(同条第3項を除く。)の規定は、寄託について準用する。

(不法行為による損害賠償)
第709条　故意又は過失によって他人の権利又は法律上保護される利益を侵害した者は、これによって生じた損害を賠償する責任を負う。

(財産以外の損害の賠償)
第710条　他人の身体、自由若しくは名誉を侵害した場合又は他人の財産権を侵害した場合のいずれであるかを問わず、前条の規定により損害賠償の責任を負う者は、財産以外の損害に対しても、その賠償をしなければならない。

(使用者等の責任)
第715条　ある事業のために他人を使用する者は、被用者がその事業の執行について第三者に加えた損害を賠償する責任を負う。ただし、使用者が被用者の選任及びその事業の監督について相当の注意をしたとき、又は相当の注意をしても損害が生ずべきであったときは、この限りでない。
②　使用者に代わって事業を監督する者も、前項の責任を負う。
③　前2項の規定は、使用者又は監督者か

ら被用者に対する求償権の行使を妨げない。
（動物の占有者等の責任）
第718条　動物の占有者は、その動物が他人に加えた損害を賠償する責任を負う。ただし、動物の種類及び性質に従い相当の注意をもってその管理をしたときは、この限りでない。
② 占有者に代わって動物を管理する者も、前項の責任を負う。
（共同不法行為者の責任）
第719条　数人が共同の不法行為によって他人に損害を加えたときは、各自が連帯してその損害を賠償する責任を負う。共同行為者のうちいずれの者がその損害を加えたかを知ることができないときも、同様とする。
② 行為者を教唆した者及び幇助した者は、共同行為者とみなして、前項の規定を適用する。
（損害賠償の方法及び過失相殺）
第722条　第417条の規定は、不法行為による損害賠償について準用する。
② 被害者に過失があったときは、裁判所は、これを考慮して、損害賠償の額を定めることができる。

○商法
（自己の商号の使用を他人に許諾した商人の責任）
第14条　自己の商号を使用して営業又は事業を行うことを他人に許諾した商人は、当該商人が当該営業を行うものと誤認して当該他人と取引をした者に対し、当該他人と連帯して、当該取引によって生じた債務を弁済する責任を負う。

○製造物責任法
（製造物責任）
第3条　製造業者等は、その製造、加工、輸入又は前条第3項第2号若しくは第3号の氏名等の表示をした製造物であって、その引き渡したものの欠陥により他人の生命、身体又は財産を侵害したときは、これによって生じた損害を賠償する責めに任ずる。ただし、その損害が当該製造物についてのみ生じたときは、この限りでない。

○国家賠償法
第1条　国又は公共団体の公権力の行使に当る公務員が、その職務を行うについて、故意又は過失によつて違法に他人に損害を加えたときは、国又は公共団体が、これを賠償する責に任ずる。
② （以下略）

○民事訴訟法
（損害額の認定）
第248条　損害が生じたことが認められる場合において、損害の性質上その額を立証することが極めて困難であるときは、裁判所は、口頭弁論の全趣旨及び証拠調べの結果に基づき、相当な損害額を認定することができる。

○動物の愛護及び管理に関する法律（動物愛護管理法）
（動物の所有者又は占有者の責務等）
第7条　（略）
② 動物の所有者又は占有者は、その所有し、又は占有する動物に起因する感染性の疾病について正しい知識を持ち、その予防のために必要な注意を払うように努めなければならない。
③ （以下略）
（幼齢の犬又は猫に係る販売等の制限）
第22条の5　犬猫等販売業者（販売の用に供する犬又は猫の繁殖を行う者に限る。）は、その繁殖を行つた犬又は猫であつて出生後56日を経過しないものについて、販売のため又は販売の用に供するために引渡し又は展示をしてはならない。
第44条　愛護動物をみだりに殺し、又は傷つけた者は、2年以下の懲役又は200万円以下の罰金に処する。
② （以下略）

○鳥獣の保護及び管理並びに狩猟の適正化に関する法律（鳥獣保護法）
（目的）

第1条　この法律は、鳥獣の保護及び管理を図るための事業を実施するとともに、猟具の使用に係る危険を予防することにより、鳥獣の保護及び管理並びに狩猟の適正化を図り、もって生物の多様性の確保（生態系の保護を含む。以下同じ。）、生活環境の保全及び農林水産業の健全な発展に寄与することを通じて、自然環境の恵沢を享受できる国民生活の確保及び地域社会の健全な発展に資することを目的とする。

○建物の区分所有等に関する法律（区分所有法）
（区分所有者の権利義務等）
第6条　区分所有者は、建物の保存に有害な行為その他建物の管理又は使用に関し区分所有者の共同の利益に反する行為をしてはならない。
②　（以下略）
（規約事項）
第30条　建物又はその敷地若しくは附属施設の管理又は使用に関する区分所有者相互間の事項は、この法律に定めるもののほか、規約で定めることができる。
②　一部共用部分に関する事項で区分所有者全員の利害に関係しないものは、区分所有者全員の規約に定めがある場合を除いて、これを共用すべき区分所有者の規約で定めることができる。
③　前2項に規定する規約は、専有部分若しくは共用部分又は建物の敷地若しくは附属施設（建物の敷地又は附属施設に関する権利を含む。）につき、これらの形状、面積、位置関係、使用目的及び利用状況並びに区分所有者が支払つた対価その他の事情を総合的に考慮して、区分所有者間の利害の衡平が図られるように定めなければならない。
④　第1項及び第2項の場合には、区分所有者以外の者の権利を害することができない。
⑤　規約は、書面又は電磁的記録（電子的方式、磁気的方式その他人の知覚によつては認識することができない方式で作られる記録であつて、電子計算機による情報処理の用に供されるものとして法務省令で定めるものをいう。以下同じ。）により、これを作成しなければならない。
（規約の設定、変更及び廃止）
第31条　規約の設定、変更又は廃止は、区分所有者及び議決権の各4分の3以上の多数による集会の決議によつてする。この場合において、規約の設定、変更又は廃止が一部の区分所有者の権利に特別の影響を及ぼすべきときは、その承諾を得なければならない。
②　前条第2項に規定する事項についての区分所有者全員の規約の設定、変更又は廃止は、当該一部共用部分を共用すべき区分所有者の4分の1を超える者又はその議決権の4分の1を超える議決権を有する者が反対したときは、することができない。
（共同の利益に反する行為の停止等の請求）
第57条　区分所有者が第6条第1項に規定する行為をした場合又はその行為をするおそれがある場合には、他の区分所有者の全員又は管理組合法人は、区分所有者の共同の利益のため、その行為を停止し、その行為の結果を除去し、又はその行為を予防するため必要な措置を執ることを請求することができる。
②　前項の規定に基づき訴訟を提起するには、集会の決議によらなければならない。
③　管理者又は集会において指定された区分所有者は、集会の決議により、第1項の他の区分所有者の全員のために、前項に規定する訴訟を提起することができる。
④　前3項の規定は、占有者が第6条第3項において準用する同条第1項に規定する行為をした場合及びその行為をするおそれがある場合に準用する。

○刑法
（没収）
第19条　次に掲げる物は、没収することができる。
　一　犯罪行為を組成した物
　二　（以下略）
（傷害）

第204条　人の身体を傷害した者は、15年以下の懲役又は50万円以下の罰金に処する。
（過失傷害）
第209条　過失により人を傷害した者は、30万円以下の罰金又は科料に処する。
②　（以下略）
（過失致死）
第210条　過失により人を死亡させた者は、50万円以下の罰金に処する。
（業務上過失致死傷等）
第211条　業務上必要な注意を怠り、よって人を死傷させた者は、5年以下の懲役若しくは禁錮又は100万円以下の罰金に処する。重大な過失により人を死傷させた者も、同様とする。
（詐欺）
第246条　人を欺いて財物を交付させた者は、10年以下の懲役に処する。
②　前項の方法により、財産上不法の利益を得、又は他人にこれを得させた者も、同項と同様とする。

○獣医師法
（免許の取消し及び業務の停止）
第8条　（略）
②　獣医師が次の各号の一に該当するときは、農林水産大臣は、獣医事審議会の意見を聴いて、その免許を取り消し、又は期間を定めて、その業務の停止を命ずることができる。
　一　第19条第1項の規定に違反して診療を拒んだとき。
　二　第22条の規定による届出をしなかったとき。
　三　前2号の場合のほか、第5条第1項第1号から第4号までの一に該当するとき。
　四　獣医師としての品位を損ずるような行為をしたとき。
③　（以下略）

○狂犬病予防法
（登録）
第4条　犬の所有者は、犬を取得した日（生後90日以内の犬を取得した場合にあつては、生後90日を経過した日）から30日以内に、厚生労働省令の定めるところにより、その犬の所在地を管轄する市町村長（特別区にあつては、区長。以下同じ。）に犬の登録を申請しなければならない。ただし、この条の規定により登録を受けた犬については、この限りでない。
②　（以下略）
（予防注射）
第5条　犬の所有者（所有者以外の者が管理する場合には、その者。以下同じ。）は、その犬について、厚生労働省令の定めるところにより、狂犬病の予防注射を毎年1回受けさせなければならない。
②　（以下略）
第27条　次の各号の一に該当する者は、20万円以下の罰金に処する。
　一　第4条の規定に違反して犬（第2条第2項の規定により準用した場合における動物を含む。以下この条において同じ。）の登録の申請をせず、鑑札を犬に着けず、又は届出をしなかつた者
　二　第5条の規定に違反して犬に予防注射を受けさせず、又は注射済票を着けなかつた者
　三　（以下略）

○道路運送車両法
第108条　次の各号のいずれかに該当する者は、6月以下の懲役又は30万円以下の罰金に処する。
　一　第4条、第11条第5項、第20条第1項若しくは第2項、第35条第6項、第36条、第36条の2第7項（第73条第2項において準用する場合を含む。）、第54条の2第7項、第58条第1項、第69条第2項又は第99条の2の規定に違反した者
　二　（以下略）

○自動車損害賠償保障法
（責任保険又は責任共済の契約の締結強制）
第5条　自動車は、これについてこの法律で定める自動車損害賠償責任保険（以下「責任保険」という。）又は自動車損害賠

償責任共済（以下「責任共済」という。）の契約が締結されているものでなければ、運行の用に供してはならない。
第86条の3　次の各号のいずれかに該当する者は、1年以下の懲役又は50万円以下の罰金に処する。
　一　第5条の規定に違反した者
　二　（以下略）

◯地方自治法
第242条の2　（要旨）普通地方公共団体の住民は、普通地方公共団体の議会、長その他の執行機関若しくは職員の措置に不服があるときは、裁判所に対し、違法な行為又は怠る事実につき、訴えをもって請求をすることができる。

◯廃棄物の処理及び清掃に関する法律（廃棄物処理法）
（投棄禁止）
第16条　何人も、みだりに廃棄物を捨ててはならない。
第25条　次の各号のいずれかに該当する者は、5年以下の懲役若しくは1000万円以下の罰金に処し、又はこれを併科する。
　一〜十三　（略）
　十四　第16条の規定に違反して、廃棄物を捨てた者
　十五　（以下略）

◯東京都動物の愛護及び管理に関する条例
（犬の飼い主の遵守事項）
第9条　犬の飼い主は、次に掲げる事項を遵守しなければならない。
　一　犬を逸走させないため、犬をさく、おりその他囲いの中で、又は人の生命若しくは身体に危害を加えるおそれのない場所において固定した物に綱若しくは鎖で確実につないで、飼養又は保管をすること。ただし、次のイからニまでのいずれかに該当する場合は、この限りでない。
　　イ　警察犬、盲導犬等をその目的のために使用する場合
　　ロ　犬を制御できる者が、人の生命、身体及び財産に対する侵害のおそれのない場所並びに方法で犬を訓練する場合
　　ハ　犬を制御できる者が、犬を綱、鎖等で確実に保持して、移動させ、又は運動させる場合
　　ニ　その他逸走又は人の生命、身体及び財産に対する侵害のおそれのない場合で、東京都規則（以下「規則」という。）で定めるとき。
　二　（以下略）

◯千葉県犬取締条例
（野犬等の捕獲又は抑留）
第8条　知事は、あらかじめ指定した職員（以下「指定職員」という。）をして野犬等を捕獲し、又は抑留させることができる。
（薬物による野犬等の掃とう）
第9条　知事は、野犬等が人畜その他に危害を加えることを防止するため緊急の必要があり、かつ、通常の方法によつては野犬等を捕獲することが著しく困難であると認めたときは、区域及び期間を定め、薬物を使用して野犬等を掃とうすることができる。この場合においては、人畜その他に被害を及ぼさないように当該区域及び近傍の住民に対して、野犬等を薬物を使用して掃とうする旨を周知させなければならない。

判例索引

最高裁昭和37年2月1日判決（最高裁判所民事判例集16巻2号143頁）
　　48, 49, 54, 58
最高裁昭和43年7月16日判決（判例時報527号51頁）　　44
東京高裁昭和52年11月17日判決（判例時報875号17頁）〈判例75〉　　10, 184
横浜地裁昭和57年8月6日判決（判例タイムズ477号216頁）〈判例30〉　　6, 78
福岡高裁昭和60年2月28日判決（高等裁判所刑事裁判速報集昭和60年334頁）〈判例25〉　　6, 68
横浜地裁平成3年3月26日判決（判例時報1390号121頁）〈判例59〉　　9, 146
東京地裁平成3年11月28日判決（判例タイムズ787号211頁）〈判例9〉　　4, 34
横浜地裁平成3年12月12日判決（判例時報1420号108頁）　　111
東京高裁平成4年3月11日判決（判例時報1418号134頁）　　147
横浜地裁平成6年6月6日判決（交通事故民事裁判例集27巻3号744頁）〈判例36〉　　7, 92
東京高裁平成6年8月4日判決（判例時報1509号71頁）〈判例44〉　　7, 110
東京地裁平成7年2月1日判決（判例時報1536号66頁）〈判例55〉　　8, 136
東京高裁平成7年4月13日判決（判例時報1547号141頁）　　191
最高裁平成7年6月9日判決（最高裁判所民事判例集49巻6号1499頁）　　19
浦和地裁平成7年6月30日判決（判例タイムズ904号188頁）〈判例53〉　　8, 132
東京地裁平成7年7月12日判決（判例時報1577号97頁）〈判例47〉　　8, 118
那覇地裁沖縄支部平成7年10月31日判決（判例時報1571号153頁）〈判例28〉　　6, 74
最高裁平成7年11月30日判決（判例時報1557号136頁）　　147
最高裁平成8年2月8日判決（判例タイムズ902号59頁）〈判例78〉　　10, 190
神戸地裁平成9年9月3日判決（交通事故民事裁判例集30巻5号1321頁）〈判例32〉　　84
横浜地裁平成9年9月3日判決（ウエストロー・ジャパン）〈判例72〉　　10, 178
東京高裁平成12年6月13日判決（東京高等裁判所判決時報刑事51巻1～12号76頁）〈判例26〉　　6, 70
鹿児島地裁平成13年1月22日判決（LLI/DB 判例秘書）　　179
横浜地裁平成13年1月23日判決（判例時報1739号83頁）〈判例24〉　　66
名古屋地裁平成13年10月1日判決（交通事故民事裁判例集34巻5号1353頁）〈判例38〉　　96
横浜地裁川崎支部平成13年10月15日判決（判例時報1784号115頁）〈判例58〉

9, 144
京都地裁平成13年10月30日判決（LLI/DB 判例秘書）〈判例48〉　120
東京地裁平成14年2月15日判決（D1-Law 判例体系）〈判例22〉　5, 62
名古屋地裁平成14年9月11日判決（判例タイムズ1150号225頁）〈判例21〉　60
福岡地裁平成14年10月21日判決（LLI/DB 判例秘書）〈判例74〉　10, 182
松江地裁浜田支部平成15年2月17日判決（判例集未登載）　59
伊那簡裁平成15年3月13日判決（法律時報78巻10号82頁）〈判例77〉　10, 188
青梅簡裁平成15年3月18日判決（LLI/DB 判例秘書）〈判例66〉　10, 164
神戸地裁平成15年6月11日判決（判例時報1829号112頁）〈判例54〉　134
広島高裁松江支部平成15年10月24日判決（裁判所 HP）〈判例20〉　5, 58
金沢地裁平成15年11月20日判決（判例集未登載）　33
広島高裁平成15年12月18日判決（裁判所 HP）〈判例27〉　6, 72
広島簡裁判決（平成15年(ろ)第9号）　73
東京地裁平成16年5月10日判決（判例時報1889号65頁）〈判例5〉　3, 26
東京地裁平成16年9月1日判決（自動車保険ジャーナル1582号18頁）　95
名古屋地裁平成16年9月15日判決（交通事故民事裁判例集37巻5号1284頁）〈判例34〉　88
千葉地裁平成17年2月28日判決（LLI/DB 判例秘書）〈判例65〉　10, 162
東京簡裁平成17年3月1日判決（LLI/DB 判例秘書）〈判例50〉　124
名古屋高裁金沢支部平成17年5月30日判決（判例タイムズ1217号294頁）〈判例8〉　4, 32
大分地裁平成17年5月30日判決（判例タイムズ1233号267頁）〈判例43〉　7, 108
大阪簡裁平成17年8月26日判決（判例集未登載）　103
最高裁平成17年12月16日判決（判例タイムズ1200号127頁）　125
東京地裁平成18年1月24日判決（交通事故民事裁判例集39巻1号70頁）〈判例42〉　6, 104
名古屋地裁平成18年3月15日判決（判例時報1935号109頁）〈判例18〉　5, 54
大阪地裁平成18年3月22日判決（判例時報1938号97頁）〈判例41〉　102
横浜地裁平成18年6月15日判決（判例タイムズ1254号216頁）　19
大阪地裁平成18年9月6日判決（判例タイムズ1229号273頁）〈判例62〉　9, 154
大阪地裁平成18年9月15日判決（交通事故民事裁判例集39巻5号1291頁）〈判例16〉　5, 50
東京地裁平成18年11月27日判決（判例時報1977号106頁）〈判例17〉　52
宇都宮地裁足利支部平成19年2月1日判決（ウエストロー・ジャパン）　23
東京地裁平成19年3月22日判決（裁判所 HP、ウエストロー・ジャパン）〈判例

4〉　4,24
東京地裁平成19年3月30日判決（判例時報1993号48頁）〈判例15〉　5,48
東京地裁平成19年4月23日判決（LLI/DB 判例秘書）〈判例68〉　10,168
京都地裁平成19年8月9日判決（裁判所 HP）〈判例40〉　100
大阪高裁平成19年9月5日判決（消費者法ニュース74号258頁）　155
大阪高裁平成19年9月25日判決（判例タイムズ1270号443頁）〈判例76〉　10,186
東京地裁平成19年9月26日判決（ウエストロー・ジャパン）　39
東京高裁平成19年9月27日判決（判例時報1990号21頁）〈判例3〉　22
名古屋地裁平成20年4月25日判決（交通事故民事裁判例集41巻5号1192頁）　99
枚方簡裁平成20年6月25日判決（判例集未登載）　47
東京高裁平成20年9月26日判決（判例タイムズ1322号208頁）〈判例1〉　4,18
名古屋高裁平成20年9月30日判決（交通事故民事裁判例集41巻5号1186頁）〈判例39〉　7,98
福岡地裁平成21年1月22日判決（LLI/DB 判例秘書）〈判例64〉　10,160
大阪地裁平成21年2月12日判決（判例時報2054号104頁）〈判例14〉　5,46
名古屋地裁平成21年2月25日判決（ウエストロー・ジャパン）〈判例2〉　20
東京地裁平成21年2月27日判決（ウエストロー・ジャパン）〈判例60〉　148
山形地裁平成21年7月9日判決（LLI/DB 判例秘書）〈判例73〉　10,180
名古屋地裁平成21年10月27日判決（ウエストロー・ジャパン）〈判例7〉　30
名古屋高裁平成21年11月19日判決（ウエストロー・ジャパン）　21
名古屋地裁平成22年3月5日判決（判例時報2079号83頁）〈判例33〉　6,86
さいたま地裁平成22年3月18日判決（LLI/DB 判例秘書）〈判例49〉　8,122
東京地裁立川支部平成22年5月13日判決（判例時報2082号74頁）〈判例52〉　130
岐阜地裁平成22年9月14日判決（判例時報2138号61頁）　173
宇都宮地裁栃木支部平成22年10月29日判決（判例集未登載）〈判例6〉　28
東京地裁平成23年10月6日判決（LLI/DB 判例秘書）〈判例71〉　10,176
名古屋高裁平成23年10月13日判決（判例時報2138号57頁）〈判例69〉　10,172
東京地裁平成23年11月25日判決（自保ジャーナル1868号132頁）〈判例57〉　142
大阪高裁平成23年12月9日判決（LLI/DB 判例秘書）〈判例79〉　10,192
東京地裁平成23年12月16日判決（LLI/DB 判例秘書）〈判例46〉　114
大津地裁平成24年2月2日判決（LLI/DB 判例秘書）〈判例35〉　7,90
東京地裁平成24年3月13日判決（自保ジャーナル1874号58頁）　89

横浜地裁川崎支部平成24年5月23日判決（判例時報2156号144頁）〈判例61〉
　　9,152
東京地裁平成24年6月7日判決（ウエストロー・ジャパン）〈判例11〉　　38
東京地裁平成24年7月26日判決（LLI/DB 判例秘書）〈判例67〉　　10,166
東京地裁平成24年9月6日判決（LLI/DB 判例秘書）〈判例31〉　　6,82
宮崎地裁平成24年10月5日判決（判例時報2170号104頁）〈判例70〉　　10,174
東京地裁平成24年12月20日判決（ウエストロー・ジャパン）〈判例10〉　　36
東京地裁平成25年5月14日判決（判例時報2197号49頁）　　127
東京高裁平成25年10月10日判決（判例時報2205号50頁）〈判例51〉　　126
甲府地裁平成26年3月6日判決（LLI/DB 判例秘書）〈判例23〉　　5,64
東京地裁平成26年5月19日判決（ウエストロー・ジャパン）　　165
札幌地裁平成26年7月31日判決（LLI/DB 判例秘書）〈判例29〉　　6,76
大阪地裁平成27年1月16日判決（交通事故民事裁判例集48巻1号87頁）　　93
大阪地裁平成27年2月6日判決（LLI/DB 判例秘書）〈判例19〉　　56
東京地裁平成27年3月19日判決（自保ジャーナル1946号60頁）〈判例37〉　　94
東京地裁平成27年4月9日判決（TKC）〈判例45〉　　7,112
東京地裁平成27年6月24日判決（LLI/DB 判例秘書）〈判例63〉　　9,156
福岡地裁平成27年9月17日判決（LLI/DB 判例秘書）〈判例56〉　　8,138
大阪地裁平成28年4月28日判決（LLI/DB 判例秘書）〈判例13〉　　42
大阪地裁平成28年5月27日判決（ウエストロー・ジャパン）〈判例12〉　　40

執筆者紹介

渋谷　寛（しぶや　ひろし）／弁護士・司法書士

〈略歴〉

　昭和60年、東京司法書士会入会。平成8年、東京弁護士会入会。平成9年、渋谷総合法律事務所創設。その後、農林水産省内獣医事審議会委員、環境省内中央環境審議会動物愛護部会動物愛護管理のあり方検討小委員会委員（動物愛護管理法改正関係）を歴任。

　現在、環境省内中央環境審議会委員（ペットフード安全法制定関係）、ヤマザキ動物看護大学講師、ペット法学会事務局長。

〈主な著作〉

『ペットのトラブル相談Q&A』（共著、民事法研究会）、『わかりやすい 獣医師・動物病院の法律相談』（編集、新日本法規）、『ペットの法律相談』（編著、青林書院）、『動物看護コアテキスト（第1巻）人と動物の関係』（共著、ファームプレス）など。

〈読者へのメッセージ〉

　ペットも裁判の主役です。

杉村　亜紀子（すぎむら　あきこ）／弁護士

〈略歴〉

平成14年10月、弁護士登録。平成22年1月、リソナンティア法律事務所パートナー。

ペット法学会理事。

〈主な著作〉

『ペットのトラブル相談Q&A』（共著、民事法研究会）、『わかりやすい獣医師・動物病院の法律相談』（編集、新日本法規）

〈読者へのメッセージ〉

トイプードルのリタに癒されています。

本書が動物と人間とが幸せに共存できる社会のために、お役に立てればうれしいです。

ペットの判例ガイドブック
──事件・事故、取引等のトラブルから刑事事件まで──

平成30年 2 月20日　第 1 刷発行

定価　本体2,300円＋税

著　者　渋谷寛・杉村亜紀子
発　行　株式会社　民事法研究会
印　刷　株式会社　太平印刷社

発行所　株式会社　民事法研究会
〒150-0013　東京都渋谷区恵比寿 3-7-16
〔営業〕TEL 03(5798)7257　FAX 03(5798)7258
〔編集〕TEL 03(5798)7277　FAX 03(5798)7278
http://www.minjiho.com/　　info@minjiho.com

落丁・乱丁はおとりかえします。　ISBN978-4-86556-206-4　C2032　¥2300E
カバーデザイン　関野美香

■ペットをめぐるトラブルについて、法的観点に基づき、解決に向けた方策を示す！■

【「Q＆Aペットのトラブル110番」改題】

ペットのトラブル相談Q＆A
―基礎知識から具体的解決策まで―

渋谷　寛・佐藤光子・杉村亜紀子　著

A5判・292頁・定価　本体　2,300円＋税

本書の特色と狙い

▶平成25年9月1日施行の改正動物愛護管理法・政省令、基準等に基づき、トラブルの実態、法的責任、対応策等についてわかりやすく解説！
▶旧版である『Q＆Aペットのトラブル110番』刊行後の動物愛護管理法の改正やペットフード規制法の制定などの動き、法令解釈の成熟・発展、裁判例の集積、東日本大震災の経験等を踏まえ、設問を再検討するとともに、最新の情報を織り込み、大幅改訂！
▶問題の所在やトラブル解決に向けたポイントをわかりやすくするために各設問に「Point」を加え、事項索引を収録するなど、実務に至便！
▶ペットをめぐるトラブル相談を受ける消費生活センター関係者、自治体担当者、法律実務家、獣医師等必携！

本書の主要内容

第1章　ペットをめぐる法律　　　　　　（20問）
第2章　ペットをめぐる取引のトラブル　　（10問）
第3章　近隣をめぐるトラブル　　　　　　（3問）
第4章　ペットの医療をめぐるトラブル　　（9問）
第5章　ペット事故をめぐるトラブル　　　（10問）
第6章　その他のトラブル　　　　　　　　（13問）
第7章　トラブルにあったときの対処法　　（3問）
資　料　①動物の愛護及び管理に関する法律
　　　　②動物の愛護及び管理に関する法律施行規則（抜粋）
　　　　③家庭動物の飼養及び保管に関する基準
　　　　④行政担当組織一覧（都道府県・指定都市・中核市）

発行　民事法研究会

〒150-0013　東京都渋谷区恵比寿3-7-16
（営業）TEL. 03-5798-7257　FAX. 03-5798-7258
http://www.minjiho.com/　info@minjiho.com

■殺処分をなくすために求められる取組みと課題を解説！

動物愛護法入門
―― 人と動物の共生する社会の実現へ ――

東京弁護士会公害・環境特別委員会　編

A5判・202頁・定価　本体2,000円＋税

本書の特色と狙い

▶ 動物の殺処分をなくし、人と動物の共生する社会を実現するために、行政、動物取扱業者、飼い主、獣医師等の関係者が果たすべき役割を、動物愛護法に基づいて解説しています。

▶ 終生飼養の責務、動物取扱業者が販売時に説明すべき事項、週齢規制、行政の引取りなど、ポイントとなる点については、特に詳しく解説しています。

▶ コラムや、動物愛護にかかわるさまざまな立場の方のヒアリングも織り込み、幅広い内容となっています。

▶ ペットの飼い主の方、動物愛護団体の関係者の方、動物取扱業の関係者の方、行政の担当者の方、動物愛護に取り組む弁護士など、動物に携わる立場にある方はぜひご覧ください。

本書の主要内容

第1章　ペットの殺処分をめぐる状況と動物愛護法
 Ⅰ　動物殺処分の状況
 Ⅱ　動物愛護法の制定と改正の経緯
 Ⅲ　動物愛護法に関するさまざまなルール

第2章　動物愛護法の解説
 Ⅰ　動物愛護法の考え方・理念
 Ⅱ　動物取扱業者
 Ⅲ　飼い主
 Ⅳ　行　政
 Ⅴ　獣医師
 Ⅵ　罰　則

第3章　動物愛護法の課題
 Ⅰ　マイクロチップの義務化
 Ⅱ　飼い主のいない猫の繁殖制限――地域猫活動
 Ⅲ　不妊去勢の義務化
 Ⅳ　動物取扱業者の適正化――登録制と許可制
 Ⅴ　週齢規制
 Ⅵ　実験動物の取扱い
 Ⅶ　自治体の収容施設
 Ⅷ　ペットの高齢化

資　料
 ①　動物愛護法の2005年改正・2012年改正の主な内容
 ②　動物愛護法（全文）
 ③　環境省「住宅密集地における犬猫の適正飼養ガイドライン」（抜粋）

発行　民事法研究会

〒150-0013　東京都渋谷区恵比寿3-7-16
（営業）TEL. 03-5798-7257　FAX. 03-5798-7258
http://www.minjiho.com/　info@minjiho.com

最新実務に役立つ実践的手引書

刑の一部執行猶予制度、公判前整理手続に付する請求権等新たな制度を織り込み改訂！

事例に学ぶ刑事弁護入門〔補訂版〕
―弁護方針完結の思考と実務―

弁護士　宮村啓太　著　　　　　　　　　（Ａ５判・214頁・定価 本体2100円＋税）

寺院を運営・管理していくために必要となる多様な知識やノウハウを網羅した実践的手引書！

寺院法務の実務と書式
―基礎知識から運営・管理・税務まで―

横浜関内法律事務所　編　庄司道弘・本間久雄・粟津大慧　著（Ａ５判・480頁・定価 本体4500円＋税）

大幅改正された保証分野のＱを増設し、また、新旧法適用関係についてのＱも新設して改訂！

Ｑ＆Ａ 消費者からみた改正民法〔第２版〕

日本弁護士連合会消費者問題対策委員会　編　　　（Ａ５判・141頁・定価 本体1600円＋税）

個別的労働紛争における仮処分・労働審判・訴訟の手続を申立書、答弁書を織り込みつつ事件類型別に解説！

書式　労働事件の実務
―本案訴訟・仮処分・労働審判・あっせん手続まで―

労働紛争実務研究会　編　　　　　　　　（Ａ５判・522頁・定価 本体4500円＋税）

独立行政法人通則法の一部を改正する法律の施行や郵便料金の改定に伴う最新の実務等にいち早く対応！

書式 意思表示の公示送達・公示催告・証拠保全の実務〔第七版〕
―申立てから手続終了までの書式と理論―

園部　厚　著　　　　　　　　　　　　　（Ａ５判・342頁・定価 本体3200円＋税）

判例要旨358件、最新法令・ガイドラインに加え、民法は現行法と債権関係改正後とも収録！

コンパクト倒産・再生再編六法2018
―判例付き―

編集代表　伊藤　眞・多比羅誠・須藤英章　　　　（Ａ５判・735頁・定価 本体3600円＋税）

発行　民事法研究会
〒150-0013　東京都渋谷区恵比寿3-7-16
（営業）TEL 03-5798-7257　FAX 03-5798-7258
http://www.minjiho.com/　　info@minjiho.com

最新実務に役立つ実践的手引書

相続人との委任契約に基づく遺産承継の実務指針を示すとともに、各手続を具体的・実践的に解説！

遺産承継の実務と書式

一般社団法人日本財産管理協会　編　　　　　（Ａ５判・216頁・定価　本体2500円＋税）

同居親、別居親それぞれの代理人に向けて、面会交流の具体的な案や、拒否事例での交渉・対応などを解説！

元家裁調査官が提案する 面会交流はこう交渉する
――事前交渉から調停段階までポイントは早期解決と子の福祉の視点――

小泉道子　著　　　　　　　　　　　　　　　（Ａ５判・223頁・定価　本体2300円＋税）

刑法・刑事訴訟法の改正、金融商品取引法改正、暴排条例等に対応させ大幅に改訂！

書式　告訴・告発の実務〔第五版〕
――企業活動をめぐる犯罪対応の理論と書式――

経営刑事法研究会　編　編集代表　井窪保彦　　（Ａ５判・453頁・定価　本体4100円＋税）

多重債務者の生活再建をも見据えた債務整理事件の実務指針を書式を織り込み解説！

債務整理事件処理の手引
――生活再建支援に向けて――

日本司法書士会連合会　編　　　　　　　　　（Ａ５判・331頁・定価　本体3500円＋税）

実務上のノウハウを示すとともに、今後の身分登録のあり方をも示す！

渉外家族法実務からみた在留外国人の身分登録

日本司法書士会連合会渉外身分登録検討委員会　編　　（Ａ５判・347頁・定価　本体3300円＋税）

民事信託を支援する資格者専門職に必須となる信託法の解釈や実務論点を整理・分析！

民事信託の実務と書式
――信託準備から信託終了までの受託者支援――

渋谷陽一郎　著　　　　　　　　　　　　　　（Ａ５判・520頁・定価　本体4800円＋税）

発行　民事法研究会

〒150-0013　東京都渋谷区恵比寿3-7-16
（営業）　TEL 03-5798-7257　FAX 03-5798-7258
http://www.minjiho.com/　　info@minjiho.com